ERLEBNIS BAUERNHOF

– mit Freude und Neugier Natur und Landwirtschaft begegnen

Landwirt Agrarmedien GmbH

Impressum

Umschlagbild: Urlaub am Bauernhof.
Fotos im Innenteil: Florian und Karl Buchgraber, Urlaub am Bauernhof, CNH Österreich GmbH, Angelika Konrad und Archiv.
Wir haben uns bemüht, bei den hier verwendeten Bildern die Rechteinhaber ausfindig zu machen. Falls es dessen ungeachtet Bildrechte geben sollte, die wir nicht recherchieren konnten, bitten wir um Nachricht an den Verlag. Berechtigte Ansprüche werden im Rahmen der üblichen Vereinbarungen abgegolten.

Der Inhalt dieses Buches wurde von den Autoren und vom Verlag nach bestem Gewissen geprüft, eine Garantie kann jedoch nicht übernommen werden. Die juristische Haftung ist ausgeschlossen.

Bibliografische Information der Deutschen Nationalbibliothek
Die Deutsche Nationalbibliothek verzeichnet diese Publikation in der Deutschen Nationalbibliografie; detaillierte bibliografische Daten sind im Internet unter http://dnb.d-nb.de abrufbar.

Hinweis: Dieses Buch wurde auf chlorfrei gebleichtem Papier gedruckt. Die zum Schutz vor Verschmutzung verwendete Einschweißfolie ist aus Polyethylen chlor- und schwefelfrei hergestellt. Diese umweltfreundliche Folie verhält sich grundwasserneutral, ist voll recyclingfähig und verbrennt in Müllverbrennungsanlagen völlig ungiftig.

ISBN 978-3-9503562-0-5
Alle Rechte der Verbreitung, auch durch Film, Funk und Fernsehen, fotomechanische Wiedergabe, Tonträger jeder Art, auszugsweisen Nachdruck oder Einspeicherung und Rückgewinnung in Datenverarbeitungsanlagen aller Art, sind vorbehalten.
© Copyright by Landwirt Agrarmedien GmbH; 1. Auflage 2013
Printed in Austria
Layout: Daniela Schober, Landwirt Agrarmedien GmbH
Druck: Druckerei Theiss GmbH, A-9431 St. Stefan

Inhalt

Die Freude aus der Natur wird zur Kraft im Leben!

Autoren

Univ. Doz. Dr. Karl Buchgraber wurde 1955 auf einem oststeirischen Bauernhof geboren, wo er eine schöne Kindheit am vielseitig ausgerichteten Hof erlebte. Die Natur und der Umgang mit dem Boden, den Pflanzen, den Tieren und den Menschen wurde ihm von seinem Vater, später in der HBLA Raumberg-Gumpenstein und an der Universität für Bodenkultur in Wien vermittelt. Als Wissenschaftler bekam er im Ackerbau und in der Grünlandwirtschaft einen tiefen Einblick in die Zusammenhänge zwischen Landwirtschaft und Natur. Am LFZ Raumberg-Gumpenstein kann er heute als Institutsleiter im Institut für „Pflanzenbau und Kulturlandschaft" dieses Thema mit seinen KollegInnen bearbeiten und an die Studierenden in Raumberg, an der Universität für Bodenkultur, der Vet.-Med. Wien und der Freien Universität in Bozen weitergeben. In unzähligen Vorträgen bei Feldtagen, Seminaren und Tagungen im In- und Ausland versucht er, sein vernetztes Wissen auf einfache Weise zu vermitteln.

Florian Buchgraber wurde 1995 als Sohn von Angelika und Karl Buchgraber im Ennstal geboren, wo er die Kindheit mit seinen drei Geschwistern, vor allem in der umliegenden Natur, genoss und noch genießt. Ob Wiesen, Wälder, Berge oder Seen – er liebt die Schönheiten der Natur und hat eine sehr erdige Einstellung. Florian ernährt sich vegetarisch und versucht das Verborgene in der Natur zu sehen. Er hat viele Kapitel dieses Buches selbst verfasst und einige im Ausdruck und in den Inhalten so verändert, dass Kinder und Jugendliche einen altersgerechten Zugang zum Thema finden. Seine Hobbys sind Wandern, Bogen schießen, Musik, Schwimmen, Schwammerl suchen und – im Lernbereich – Römische und Griechische Geschichte sowie Schauspielern. Zurzeit besucht Florian das Gymnasium Stainach.

Vorwort

Immer mehr Menschen sehnen sich nach der wohltuenden Natur und nach dem Leben auf dem Land. Es werden lange und beschwerliche Reisen auf sich genommen, um diese Welt kennen zu lernen. In Österreich, wo die Lebensräume so vielfältig und wunderbar sind, bietet „Urlaub am Bauernhof" die tolle Möglichkeit, in diese Welt einzutauchen und Wertvolles mitzunehmen.

Der Bauernhof als Organismus

„Boden – Wasser, Luft, Pflanze, Tier, Bauernhof – Bauernfamilie mit Dorfkultur" bietet Jüngeren und Älteren eine reiche Oase für Erholung und Erfahrung, die die natürlichen Grundbedingungen unseres Lebens darstellen. Unsere technisierte und informationslastige Zeit überschüttet uns im Alltag mit viel Wissen und Betriebsamkeit, was nicht selten im Stress und seinen Auswirkungen endet. Es fehlen oft Ruhe und Zufriedenheit und der Sinn für das Wesentliche. Für die Kinder besteht beim Aufenthalt am Bauernhof auch die Möglichkeit, selber zu sehen, wie der Boden und die Pflanzen aussehen, wie sich Tiere anfühlen und wie Nahrungsmittel entstehen.

Bei diesem Urlaub am Bauernhof mietet man sich nicht nur in ein Haus ein, sondern man wird von Bäuerinnen und Bauern in das Leben am Bauernhof aufgenommen, wo die Bauersleut bereit sind, auch ihr Wissen und ihre Erfahrungen weiterzugeben. Sie können viele Geschichten über ihre Erlebnisse in der Natur erzählen und von Freude und Sorgen berichten.

Dieses Büchlein soll das Fachwissen zum umfangreichen Bereich „Land- und Forstwirtschaft" in einfacher und anschaulicher Form all jenen näherbringen, die es anderen weitergeben wollen. Neben den Erklärungen werden fallweise Anregungen gegeben, wie die Natur spielerisch erforscht und begriffen werden kann. Fach- sowie auch Dialektbegriffe werden in einem kleinen Verzeichnis am Ende des Buches erläutert.

Die Bäuerinnen und Bauern sind wichtige Botschafter für das erdige und spannende Wissen, und sie geben es gerne an Interessierte weiter.

Viel Freude und Spaß beim gemeinsamen Erleben der interessanten und geheimnisvollen Umwelt und der Arbeit mit der Natur am Hof.

In Österreich haben wir es mit vielen kleinen Bauernhöfen zu tun, im Durchschnitt werden auf den 170.000 Bauernhöfen rund 20 ha Fläche bewirtschaftet. Meist finden sich kleine Flächen mit Landschaftselementen und darin eingebettet der Bauernhof mit seinen Arbeitsgebäuden und dem Wohnhaus. So präsentieren sich die meisten Höfe oftmals auch noch mit Obstgarten, Bauerngarten oder anderen Fluren (Raine, Landschaftselemente). Einen Großteil der Gebäude nehmen die Stallungen ein, wo die Tiere ihr Zuhause haben und das Heu, die Silage sowie das Stroh gelagert werden. An den Stall ist noch die Mist- und Flüssigmistlagerstätte angeschlossen. Ein Schuppen oder Garagen bieten Stauraum für die Geräte, Maschinen und für den Fuhr-

gegründet, in denen die Bauern sich nebeneinander einrichteten. Bis vor 50 bis 60 Jahren dominierte in Österreich das Pferd als Arbeitstier, welches dann vom Traktor und den übrigen Maschinen und Geräten mehr und mehr abgelöst wurde. Die Mechanisierung begann und hat nicht nur das Pferd vom Arbeitsprozess freigesetzt, sondern auch die menschliche Arbeitskraft. Waren im Jahre 1950 noch 33 % aller Arbeitsfähigen in der Land- und Forstwirtschaft beschäftigt, so sind es heute nur mehr 4 %. Die Selbstversorger-Landwirtschaft, wo früher 3 bis 5 Personen pro Hof ihre Nahrung fanden, wurde von einer Art der Landwirtschaft abgelöst, in der ein Bauer über 100 Personen täglich ernährt. Die Leistungen in der Land-

Jahre	Bauerhöfe	Prozentueller Anteil der Bauersleut' an der arbeitenden Bevölkerung
1950	430.000	33 %
2012	170.000	4 %

Der Bauernhof

park. Im Wohnhaus befindet sich auch oftmals ein Keller, in dem Obst und Gemüse sowie der Most und in den Weinbauregionen der Wein gelagert werden. Früher gab es noch ein Haus für das „Gesinde" – hier lebten die Mägde und Knechte, die am Bauernhof ihre Arbeit über Jahre verrichteten. Der Rinderstall war auch früher schon vom Pferdestall getrennt weil die Pferde als Zugtiere einen völlig anderen Tagesablauf hatten. Gab es noch Schweine und Hühner am Hof, so wurden diese ebenfalls in einem separaten Stall gehalten. Stand ein derartiger Hof in den Fluren, so wurde er als „Weiler" bezeichnet. Meist wurden aber Dörfer

wirtschaft, wie aber auch die Lebensmittelqualität, sind bei reduziertem Personal gestiegen.

Geschichte über Haus und Hof

In den Jahren um 1950 gab es in Österreich noch etwa 430.000 Höfe. Heute zählen wir rund 170.000 Bauernhöfe, wobei rund 100.000 Betriebe Grünlandwirtschaft mit raufutterverzehrenden Tieren (Rinder, Schafe, Ziegen und Pferde) betreiben. 70.000 Betriebe sind Acker-, Gemüse-, Wein- und Obstbauern, wobei die Ackerbauern ihre Feldprodukte teilweise über Schweine und Hühner/Puten selber veredeln. Es gibt aber auch reine „Marktfruchtbetriebe", die Getreide, Soja, Mais, Erbsen, Rüben, Raps, usw. für den Markt produzieren.

Vor 50 Jahren wurde auch im Berggebiet Österreichs auf jedem Hof Ackerbau betrieben und dies bis auf 1.300 m Seehöhe. Auch in steilen Lagen wurden Kartoffeln, Kraut, Weizen und Gerste für die menschliche Ernährung angebaut. Damals wurden viele Erdäpfel und viel Kraut (Sauerkraut) gesetzt, um für die Wintermonate vorzusorgen.

Getreide für Brot und als Pferdefutter

Der Roggen – auch hier wieder alte Landsorten – wurde traditionell in den Berggebieten, auf den schwächeren Böden kultiviert, um Brot, Brotfladen und Krapfen zu backen. Der Weizen, der eher in den Ackerbaugebieten zu Hause war, wurde in Berggebieten nur auf den besten Böden angebaut. Der Weizen gibt das weiße Mehl, das auch einen höheren Klebergehalt für Semmeln und Weißbrot hat. Erst die Mischung aus Roggenmehl (schwarz) und Weizenmehl (weiß) ergibt unser Schwarzbrot. Je ärmer die Region und die Bauern in Bezug auf die Bodenqualität waren, desto mehr Schwarzmehl wurde früher in die Mischung genommen. An Sonntagen gab es der für viele Regionen typischen „Woazanen Krapfen" – ausschließlich aus Weizenmehl. In schlechteren Jahren wurden auch Gerste und Hafer für die Menschen verkocht, ansonsten war die Gerste für die Fütterung der Hausschweine und der Hafer für die Pferde vorgesehen. Die kleinen steilen Äcker wurden mit Mist gedüngt, mühsam mit Ochsen oder besser mit Pferden als Zugtier für den primitiven Pflug umgebrochen und dann die Einsaat per Hand durchgeführt. Geerntet wurde mit Sense (Bracken) und Sichel. Man schnitt das Korn zur Reife, machte kleine Garben und stellte diese zu „Mandln" zum Trocknen auf dem Feld auf. Bei bester Trocknung wurde das Getreide eingebracht, in der Tenne zwischengelagert und im Winter ausgedroschen. Das gedroschene Korn mit Lieschen wurde über eine „Winde-Putzmühle"

gereinigt und am Schüttboden oder in Troadkästen lose gelagert. Das Stroh, vorwiegend Roggenstroh, wurde ganz früher zum Dachdecken verwendet, und zwar als Ersatz für das Schilfdach. Das übrige Stroh war für Futterzwecke vorgesehen. Als Einstreu diente Laub aus dem Wald oder von Streuwiesen, die getrocknete Streu von Sauergräsern, sofern sie nicht von Pferden gefressen werden musste. Damals wurden auf den Bergbauernhöfen noch Schweine und Hühner gehalten, um die Speisekarte etwas zu erweitern.

Selbstversorger

Die Bergbauern und auch Landbauern versorgten sich, die Mägde und Knechte lange Zeit selbst. Durch den Verkauf von Butter und Käse, welche auf den Höfen hergestellt und in den Dörfern und Städten an die Kunden gebracht wurden, konnte Salz und Zucker eingekauft werden. Bezüglich Bekleidung wurde auf den Höfen meist Hanf und Flachs angebaut, auf den Feldern getrocknet und in den „Brechstubn" die Faser für die Spinnerei vorbereitet. Daraus wurde dann das Leinen auf den Höfen selbst gewoben und später zu Kleidungsstücken geschneidert. Die Schneider, Schuster, Sattler, Fassbinder etc. boten im Rahmen der sogenannten „Stöhr" von Hof zu Hof ihre Dienste. Sie blieben eine oder zwei Wochen auf dem Hof und zogen nach Beendigung der Arbeit wieder weiter.

Transport und Energieversorgung

Ganz entscheidend für die Entwicklung der Bauernhöfe war die Elektrifizierung in den Jahren um 1950. So wurden die entlegensten Höfe mit Strom versorgt und oftmals wurden in diesen Jahren auch vernünftige Wege gebaut, um die Höfe mit dem Fuhrwerk „Pferdegespann" zu erreichen. Nach und nach wurde all das ausgebaut, und heute sind die Höfe mit PKW und LKW meist gut erreichbar. Dies wurde notwendig, als die Hofabholung der Milch durch die Molkereien eingeführt wurde. Der Holztransport zu den Sägewerken wurde vom Pferdefuhrwerk auf Last-

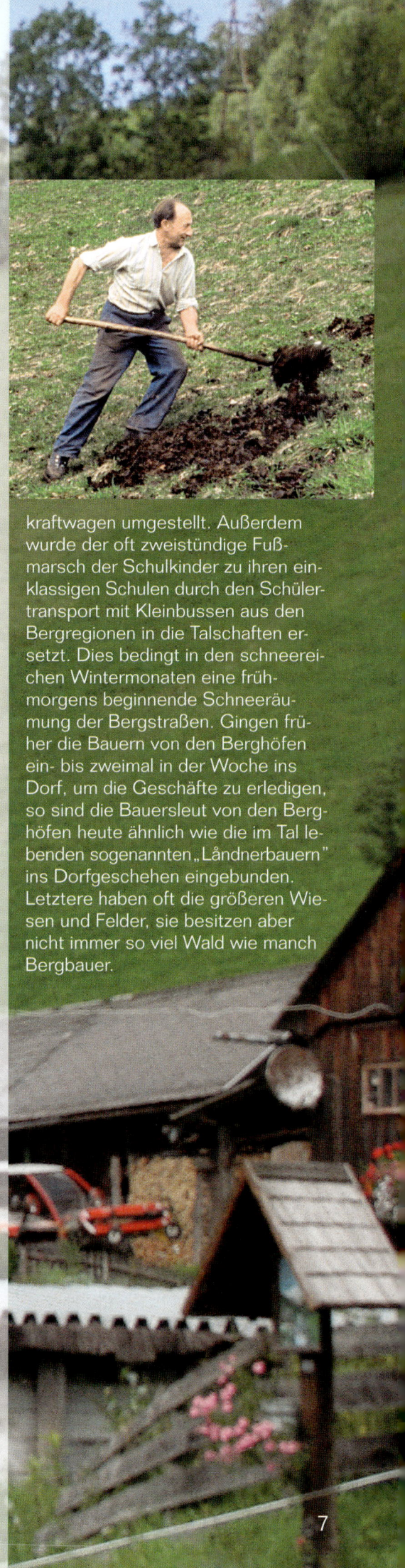

kraftwagen umgestellt. Außerdem wurde der oft zweistündige Fußmarsch der Schulkinder zu ihren einklassigen Schulen durch den Schülertransport mit Kleinbussen aus den Bergregionen in die Talschaften ersetzt. Dies bedingt in den schneereichen Wintermonaten eine frühmorgens beginnende Schneeräumung der Bergstraßen. Gingen früher die Bauern von den Berghöfen ein- bis zweimal in der Woche ins Dorf, um die Geschäfte zu erledigen, so sind die Bauersleut von den Berghöfen heute ähnlich wie die im Tal lebenden sogenannten „Låndnerbauern" ins Dorfgeschehen eingebunden. Letztere haben oft die größeren Wiesen und Felder, sie besitzen aber nicht immer so viel Wald wie manch Bergbauer.

Durchs Reden kommen die Leute zsam

Wer aus der etwas anonymisierten Stadt kommt, sollte sich darauf einstellen, dass im Dorf und am Hof sehr persönlich miteinander umgegangen wird. Die Leute interessieren sich für ihre Mitmenschen und fragen gerne nach. Trifft man sich auf der Straße oder in einem Haus, so grüßen sich die Leute mit „Grüß Gott" oder „Griaß di". Gehen Leute auseinander, so heißt es am Land zum

Beispiel, „Pfiat enk" oder „Pfiat di", Freunde grüßen sich für gewöhnlich auch mit "Servus". Treffen sich die Leute seltener, so wird zum Gruß die Hand mit Augenkontakt gereicht, auch bei einem Abschied für längere Zeit gibt man sich die Hand. Respekt und Wertschätzung sind überhaupt die Grundlage, wie man Leuten, insbesondere älteren Leuten, gegenübertritt.

Es ist keine Seltenheit, dass man Essen, Kaffee und Kuchen sowie an-

sich am Hof und im Dorf zu integrieren. Man versteht dadurch das Leben am Land viel schneller. Dieses andere Leben am Bauernhof, mit viel Verantwortung für das Vieh, die Felder und Kulturen und auch für die Gäste, ist die Basis für diese herzlichen und bodenständigen Menschen. Die ehrliche Freude ist groß, wenn erstmalig oder zum wiederholten Male Gäste wie Freunde ins Bauernhaus kommen. Die Bauersleut nehmen die Gäste nicht nur zur Be-

dere Getränke angeboten bekommt. Die Bäuerin freut sich, wenn der selbstgemachte Kuchen schmeckt – eine Ablehnung kommt nicht so gut an. Als Dank für die großzügigen Gesten der Leute kann man auch Bereitschaft zeigen, dort und da mitzuhelfen. So gelingt es am besten,

herbergung und Verpflegung auf, sondern sind auch bereit, sie in ihr Alltagsleben einzubeziehen.

Wer dieses Angebot annimmt, den erwarten spannende und unvergessliche Tage im Einklang mit der Natur.

Die Natur mit allen Sinnen erleben

Die Wanderung übers Feld

Der Bauer und die Bäuerin spüren die Natur mit allen Sinnen. Wichtig ist, dass sie nach all den Jahren bodenständig geblieben sind und spüren, wie der Boden unter ihren Füßen lebt. Versuchen Sie es selbst. Deswegen ziehen wir nun alle Schuhe und Strümpfe aus. Wir gehen so über die Wiese, über's Feld und über den Feldweg. Der intensive Kontakt der Fußsohlen mit dem Boden, mit den Pflanzen, aber auch mit den Steinen und dem Tongehalt der Erde gibt ein neues Gefühl im Begehen des Bodens. Die Zehen sollen erdig, nass und mit Pflanzenresten behaftet sein – so nehmen wir mit dem Tastsinn der Sohle, der Zehen und der Beine den Boden und die Gräser bewusst wahr. Gehen wir über eine frisch gemähte Wiese, so werden wir mit den Stoppeln der Gräser, Kräuter und Kleearten in Kontakt kommen. Manche Wiesen haben harte Stoppeln, das sind spätgemähte Wiesen für Heu – vielleicht auch für Pferdeheu. Andere wiederum sind weicher, hier haben wir viele blattreiche Untergräser – vielleicht gehen wir über eine Weidefläche oder über eine oftmals gemähte Rasenfläche.

Jedenfalls belebt das Barfußgehen das Fußbett, die Beine und damit uns als gesamten Menschen. Wir spüren nicht nur die Natur unter unseren Beinen besser, nein wir beginnen uns selber besser wahrzunehmen. Ein „bloßfüßiger" Spaziergang am Morgen in taunassem Gras ist etwas ganz Besonderes, sollte aber wegen der Erkältungsgefahr im Ausmaß nur langsam gesteigert werden – wie jeder es als angenehm verspürt. Im Zuge der Expedition ohne Schuhe können wir auch durch ein Bachbett oder durch einen Wald gehen. Kinder kann man dieses Gefühl durch Ballspielen im Gras, ganz ohne Schuhe und Strümpfe, näherbringen.

Tritt sich jemand die Sohle oder die Zehen etwas blutig, was fallweise passieren kann, dann sollten diese gleich mit Spitzwegerich verarztet werden. Der begleitende Wiesenpädagoge sollte vorsichtshalber auch ein Pflaster mithaben, um die Tapferen bei Problemen zu versorgen.

Das war der Einstieg in den Dialog mit der Natur – wir spüren sie und sind nun neugierig auf weitere Geheimnisse, die sich im Boden verbergen.

Spitzwegerich für die Versorgung kleiner Wunden.

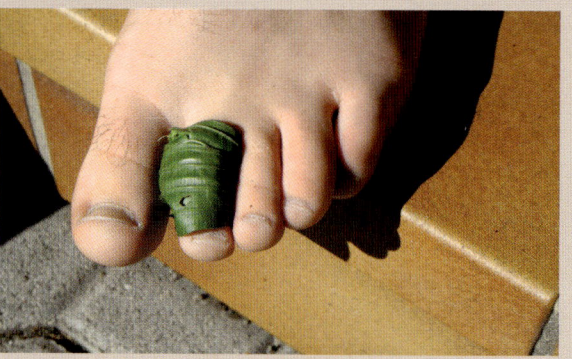

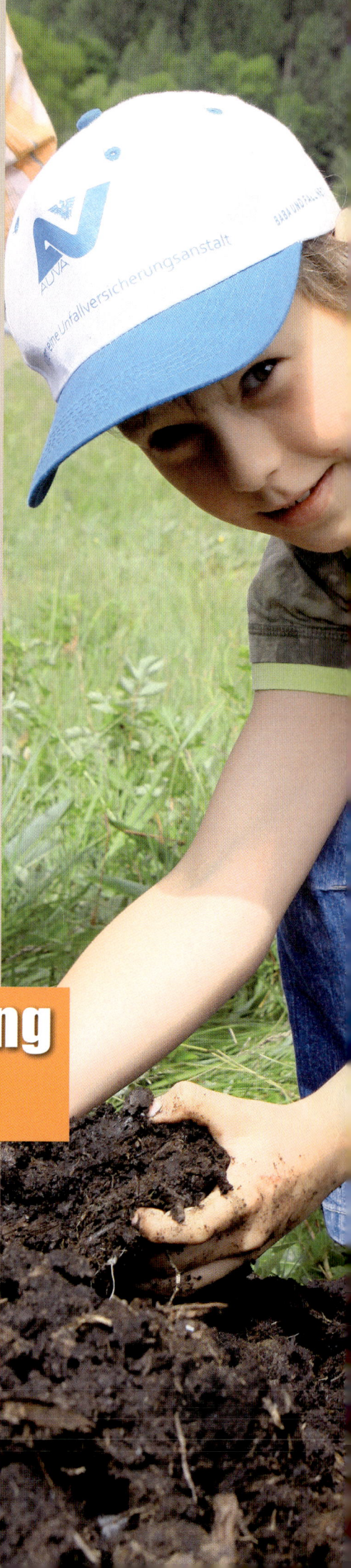

Die Erkundung des Bodens

Über Jahrmillionen ist der Boden aus dem ursprünglichen Muttergestein entstanden. Ein langwieriger Prozess aus Verwitterung, Temperaturunterschieden, Regen und Einwirkungen von Pflanzen und Mikroorganismen. Damit der Boden heute um 1 mm weiter zunimmt, braucht es rund 100 Jahre.

Jeder Boden hat eine lange Geschichte, eine lange Vergangenheit des Aufbaus und bei guter Bearbeitung eine lange Zukunft als fruchtbare Mutter Erde.

Schauen wir in den Boden

Die Wühlmäuse und Maulwürfe leben gerne in den Wiesen, wo sie in den oberen Bodenschichten ihre Gänge ziehen, Behausungen haben und die Erde auswerfen. Nehmen wir von den Erdhaufen eine Hand voll Erde und geben aus der Trinkflasche etwas Wasser auf die krümelige Erde, so merken wir plötzlich beim Kneten, wie plastisch der Boden sich formen lässt. Bodenkugeln und Bodennudeln geben uns einen Rückschluss auf den Tongehalt im Boden.

Aber jetzt wollen wir endlich mehr wissen über das, worauf wir gehen, stehen, hüpfen, tanzen, springen und sitzen. Mit einem Spaten stechen wir einen „Wasenziegel" im Ausmaß von 15 x 15 cm und in der Bodentiefe von ca. 10–15 cm heraus. Jeder soll einen „Wasenziegel" bekommen und dann setzen wir uns damit auf den trockenen Boden.

Jetzt betrachten wir diesen „Wasenziegel" vom grünen Bewuchs bis in die Erde. Wir bröseln vorsichtig die Erdkrümel von den Wurzeln – wir legen einige Wurzeln frei. Wer schon mehr Wurzeln freigelegt hat, kann den Wurzelvorhang zeigen. Ein engmaschiger Wurzelfilz mit Haupt- und Nebenwurzeln bildet das Hauptgerüst, ganz vorne ist die Wurzelspitze, wo sich Zellen immer teilen und so die Wurzel in den Boden voranwachsen lassen. Etwas hinter der Wurzelspitze, die übrigens eine Haube trägt, beginnen die ganz feinen Wurzelhaare. Diese Wurzelhaare bilden sich laufend aus und sterben auch wieder. Sie stülpen sich aus, gehen ganz fein in die Poren und Kolloide – das sind die kleinsten Teilchen im Boden – und nehmen dort Wasser mit den Nährstoffen auf. Die Gräser wurzeln hauptsächlich im Oberboden (0–10 cm), die Kräuter hingegen gehen tief in den Boden. Je nach Gründigkeit und Mächtigkeit der Böden können die Wurzeln von einem Löwenzahn bzw. einer Kuhblume bis zu 5 m gehen. Je mehr die Pflanzen in den Boden wurzeln, desto besser sind sie verankert und desto mehr Nährstoffe und Wasser können sie aus dem Boden holen.

11

Über besondere Leitungen wird das Wasser mit den Nährstoffen von den Wurzeln in die Stängel, die Blätter und die Blüten geleitet.

Der Boden ist ein lebendiger Organismus

In den „Wasenziegeln" sehen wir neben den Wurzeln auch Erdkrümel, die von feinsten Wurzeln durchzogen sind, aber wir können die Millionen von Pilzen und Bakterien nicht sehen, die eigentlich das Leben im Boden ausmachen. Diese Pilze und Bakterien leben im Boden, in den kleinen und großen Poren, sie leben von den organischen Abfällen im Boden – alten Wurzeln, Blatt- und Stängelresten vom Oberboden und nicht zuletzt von der Nahrung, die der Landwirt bringt.

Womit füttert der Bauer die Bodentiere?

Alle Tiere am Bauernhof scheiden Kot und Harn aus. Der Bauer lagert diesen meist in Mist (Kot + Stroh) oder Kompost (Stallmist verrottet), aber auch in Jauche (Harn + Wasser) bzw. Gülle (Kot + Harn + Wasser). In diesen Ausscheidungen sind wichtige Nährstoffe für die Bodentiere und die Pflanzen. Der Bauer bringt diese in geeigneten Mengen und in Abstimmung mit dem Pflanzenwachstum diese als Dünger auf das Feld. Dieser Dünger ist eigentlich auch

das Futter für die schon hungrigen Pilze und Bakterien – pro m² warten auf den Wiesen rund 2 kg oder 10 Millionen Pilze und Bakterien. Das sind viele Millionen Mikroorganismen, die in der Umsetzung der Biomasse ihre eigene Energie gewinnen und die „vertrauten" Stoffe mineralisiert für die Pflanzenwurzeln ausscheiden. Je besser das Bodenleben regelmäßig mit kleineren Gaben versorgt wird, desto „fruchtbarer" ist dieser Boden. Kleine Bodenteilchen mit Wurzeln durchzogen und mit vielen Bakterien und Pilzen durchsetzt, die bei guten Bedingungen permanent arbeiten, bilden eine Lebendverbauung. Schaut den „Wasenziegel" an, wie kompakt und doch luftig und krümelig dieser Boden als lebender Organismus auf uns wirkt. Der Bauer muss den Boden mit Futter, sprich

Dünger, versorgen, damit dieser Kreislauf funktioniert.

Nicht der ganze Boden ist Humus

Der Boden hat auch eine Farbe, von braun bis schwarz, von rot bis gelblich – ja er kann je nach Herkunft und Ausgangsmaterialien viele Farbschattierungen haben. Im „Wasenziegel" erkennen wir in der obersten Bodenschicht (siehe nächste Seite) eine dunkelbraune bis schwärzliche Farbe. Der Boden wird hier vom Humus durchzogen. 5–10 % des Bodens bestehen im Grünland aus besonderen und wertvollen „Speichern", von organischer Masse und Nährstoffen für das Pflanzenwachstum. Sind wir in Gebieten, wo der Tonanteil im guten Bereich (ca. 10–15 %) ist, dann geht der Humus

einen Ton-Humus-Komplex ein. Dieser Ton-Humus-Komplex ist der ideale Nährstoff- und Wasserspeicher. Manche Böden haben nur einen kleinen „dunklen" Horizont, andere wiederum können einige Meter tief diese extrem fruchtbare Erde aufweisen. Moorböden haben auch eine tiefschwarze oberste Bodenschicht, wo der Humusanteil bei 30–40 % liegen kann. Neben dem Humusanteil befinden sich im Boden die Fraktionen Ton, Schluff und Sand.

Steigen wir nocht tiefer, in den Boden

Der „Wasenziegel" zeigt nur den Oberboden, aber was ist darunter? Um einen schönen Überblick über die Bodenhorizonte zu bekommen, müssen wir ein Bodenprofil ausheben. Wir graben eine Grube mit einerseits Stufen zum Hineinsteigen und andererseits mit einem senkrechten Anschnitt des Bodens. Wir graben so tief bis Steine kommen oder das Grundwasser zu Tage tritt. Der senkrechte Anstich wird zuletzt leicht angekratzt und in die Horizonte A, B und C eingeteilt. Der A-Horizont ist der humusreiche Boden, der B-Horizont ist der Übergangshorizont vom humusreichen A-Horizont in den steinreichen C-Horizont. Die Horizonte werden exakt vermessen und es wird nach Regenwürmern und Wurzeln gesucht. In den einzelnen

Horizonten bespricht man auch die Bodenstruktur und schaut mit einer verdünnten Salzsäure, ob die enthaltenen Steine beim Beträufeln mit Salzsäure aufbrausen – dann handelt es sich um Kalkgesteine, andernfalls um kristalline Gesteine. Das ist ein wichtiger Hinweis für den pH-Wert im Boden. Man kann bestimmen, ob der Boden sauer, neutral oder alkalisch ist. Für die landwirtschaftlichen Kulturen sollte idealerweise ein pH-Wert von 5,5 bis 6,5 im Boden herrschen. Wenn häufig Führungen am Hof, auf der Wiese und am Acker stattfinden, lohnt es sich einmal ein schönes Bodenprofil zu öffnen und dann nach jeder Begehung mit einer Holzplatte zu schließen. Man kann aber auch das Bodenprofil für „ganz erdige" Kinder zum Spielen mit Wasser freigeben – dazu braucht es jedoch die Zustimmung der Eltern. Für ein „Erderlebnis" wäre es von bleibendem Eindruck, wenn die Kinder darin „gatschen" könnten, um die Erde mit allen Sinnen zu erfahren, sich damit am Körper zu beschmieren und zu spüren wie sich plastische Erde in den Händen und auf der Haut anfühlt.

Der Regenwurm – biologischer Pflug im Boden

Den Regenwurm kennt jeder, und deswegen wollen wir darüber etwas mehr erfahren. Mit seiner Arbeit im Boden setzt er gleichzeitig auch den Boden um, deswegen nennen ihn viele den biologischen Pflug. Er holt sich oft die organische Masse (Blätter, Streuabfälle, etc.) von der Bodenoberfläche und zieht diese in den Regenwurmgängen in tiefere Bodenschichten. Er nimmt diese organische Masse auf, vermischt sie mit Erde und scheidet den Regenwurmkot, eine hochwertige „Erde", aus. In gutem Boden finden wir pro Quadratmeter ca. 50 verschieden große Regenwürmer bis in die tieferen Bodenschichten. Im Hausgarten und auf den Kompostplätzen tummeln sich noch mehr Regenwürmer. Dort können auf gutem Boden pro Hektar bis zu 1.000 kg Regenwürmer vorkommen. Sie sind für den Bauern wichtige Helfer im Boden. Wildtiere, insbesondere der Maulwurf oder der Dachs, haben den Regenwurm auf der Speisekarte.

Betrachten wir nun den Regenwurm – jeder sollte einen suchen und vor sich liegen haben. Der Regenwurm unterteilt sich in Segmente, wovon der „Sattel" für die Vermehrung zuständig ist. Der Regenwurm atmet über seine gesamte Haut.

Wird es im Boden zu nass, dann muss er an die Oberfläche, damit er im Wasser nicht ertrinkt. Nach dem Regen finden wir daher viele Regenwürmer an der Bodenoberfläche. Fährt der Bauer nach dem Regen mit der Jauche und Gülle auf die Wiese, so kann es passieren, dass das ätzende Ammonium die Regenwurmhaut verletzt. Der Bauer fährt daher mit der Gülle und Jauche vor dem Regen und bei nicht wassergesättigtem Boden. Die Dünger vom Hof, insbesondere Mist oder Kompost, sind für die Vermehrung der Regenwürmer ideal. Auf den Wiesen und Weiden fällt über die Vegetationszeit sehr viel Biomasse an, sodass hier eine Düngung mit Gülle oder Jauche keine geringeren Populationen an Regenwürmern bringt. Unter Grünland haben wir die höchste Anzahl an Bodenlebewesen, insbesondere an Regenwürmern.

Engerlinge im Boden

Die Maikäfer und die Gartenlaubkäfer „Junibummerl" legen gerne ihre Eier in extensive Wiesen, Weiden oder Almflächen. Aus diesen Eiern schlüpfen Larven, die sich von den feinen Wurzeln im Boden ernähren. Sind viele Larven (bis zu 100 Stück) in der Wurzelschicht, so stirbt die gesamte Grasnarbe ab, wird braun, gelb und die oberirdische Biomasse lässt sich abziehen wie ein Teppich.

Wildschweine, Dachse, Krähen und Hühner kommen dann und holen sich die fetten Larven aus dem Boden. Die Wildschweine wühlen dabei den ganzen Boden um und zerstören damit die Wiesen, Almen und andere Grünlandflächen wie Gärten, Parks und Fußballplätze.

Das wärmere Wetter aufgrund der Klimaerwärmung führt dazu, dass die „Junibummerl" immer weiter in die Höhenlagen fliegen und dort ihre Eier ablegen. Die Wildschweine, die früher nur in den Ackerbauregionen lebten, gehen heute bis in die steilen Almgebiete und zerstören dort die Grasnarbe. Der Boden ist offen und kann bei größeren Niederschlägen in großen Mengen abgeschwemmt werden.

Symbiose – wie Du und Ich

Die Mikroorganismen im Boden und die Pflanzen brauchen Nährstoffe zum Leben. Das Tier und der Mensch nehmen diese Nährstoffe über die Pflanze auf. Die nicht verwerteten Nährstoffe werden von Tier und Mensch ausgeschieden und gelangen wieder in den Kreislauf. Die Pflanzen sind von der Mineralisation (= Aufarbeitung der organischen Masse durch die Mikroorganismen im Boden) und den Zufuhren über den Kreislauf abhängig. Aber nicht immer: Die Kleearten (Leguminosen, Lippenblütler) sind mit den Knöllchenbakterien eine Symbiose eingegangen, um den Luftstickstoff verfügbar zu machen. Die Pflanzen können nur Nitrat oder Ammonium über die Wurzel aufnehmen. Der Luftstickstoff geht nicht direkt in die Pflanzen – im Übrigen ist der

Symbiose und de

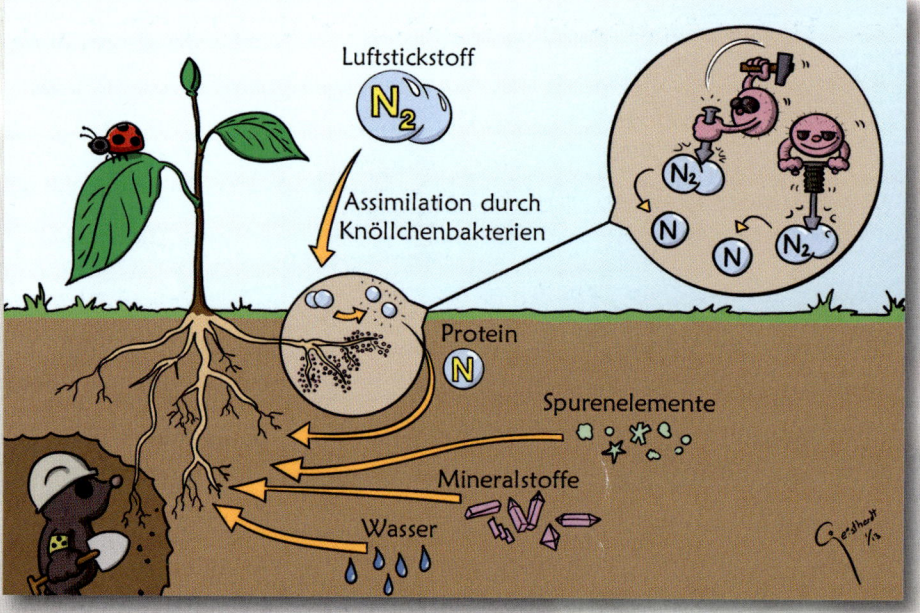

stoff der Motor des Wachstums und das zentrale Element für die Protein(Eiweiß)-Synthese. Wir bekommen dann das Protein über die Pflanzen, z.B. Gemüse, oder über das Fleisch und die Milch sowie Milchprodukte. Die Knöllchenbakterien sind im Boden und suchen sich Wurzeln von Leguminosen. Sie gehen eng an die Wurzeln heran und verwachsen schließlich mit ihnen. Sie entnehmen den Wurzeln und der Pflanze zuerst das Wasser, die Nähr-

stoffe und die Energie. Die Knöllchenbakterien vermehren sich und umwuchern die Wurzel. Bei guten Temperaturen ab Mai beginnen die Knöllchenbakterien Luftstickstoff aufzunehmen. Sie bauen den Luftstickstoff in Bakterienprotein um und bekommen, wenn sie aktiv sind, eine rosa bis rötliche Farbe. Nach einer bestimmten Zeit sterben die „alten" Knöllchenbakterien ab und werden im Boden direkt neben der „Gastgeberwurzel" von anderen Bakterien zer-

legt und abgebaut. Dabei wird aus dem Bakterienprotein ein pflanzenverfügbarer Stickstoff. Dieser Stickstoff liegt nun ganz nahe an den Kleewurzeln und wird großteils von diesen aufgenommen. Er geht in die Pflanze und wird mittels Proteinsynthese in der Pflanze zu wertvollem, für das Tier und den Menschen aufnehmbarem Protein/Eiweiß umgebaut und eingelagert.

An diesem Vorgang sieht man wunderbar, wie sich zwei Organismen helfen und zum Wohle beider gegenseitig ergänzen können. Zuerst geben die Pflanzen den Bakterien und dann die Bakterien den Pflanzen.

Wir suchen nun auf den Wiesen einen Rotklee oder eine Luzerne. Im Acker schauen wir ab Juni, ob Erbsen, Sojabohnen oder Pferdebohnen in der Nähe angebaut sind, und graben in einer Tiefe von 20 bis 25 cm eine Pflanze mit Wurzeln aus. Im Acker ist das einfacher als auf der Wiese, doch es gelingt schon, dass wir diese Knöllchenbakterien verwuchert mit den Wurzeln finden.

Je mehr Leguminosen auf dem Feld stehen, desto mehr Luftstickstoff kann gebunden werden. Auf Wiesen und Weiden mit einem normalen Klee-

Eine echte Symbiose besteht aus „Geben und Nehmen", die Natur zeigt es uns vor.

Der Boden braucht einen Bauern, der mit Gefühl und Wissen eine gute „Bodenkultur" über die Jahre betreibt, ihn nicht bei nassen Bedingungen mit schweren Geräten und Maschinen befährt und bei solchen Verhältnissen auch die Tiere nicht auf die Weide treibt. Boden soll eine gute Vegetation tragen, er soll gesund sein.

Bodendoktor

anteil von 10 bis 20 % können etwa 20 bis 50 kg Stickstoff pro Hektar gebunden werden. Wird Klee und Luzerne oder Erbse, Soja und Bohne alleine auf den Feldern kultiviert, so können 100 bis 300 kg Stickstoff/ha in einem Sommer in den Boden und somit in die Pflanze geholt werden.

So wird auch der von uns abgegebene Stickstoff wieder durch die Leguminosen in den natürlichen Kreislauf zurückgeführt und für uns über das Protein wieder verwendbar. Deswegen ist es wichtig, dass im Grünland Kleearten (Weißklee, Rotklee, Wicke, Wiesenblatterbse, Hornklee, Luzerne, Wundklee, Bergklee, etc.) und in der Fruchtfolge auf dem Acker zumindest alle vier Jahre wieder eine Leguminose (Erbse, Sojabohne, Ackerbohne, etc.) steht.

Der Bodendoktor – ist der Boden gesund?

Der Boden ist ein lebendiger Organismus. Schauen wir mal, ob er gesund ist und ob er auch noch so fruchtbar ist, dass er Pflanzen zu einem guten Ertrag führen kann.

Sehen

Wenn wir über die Wiesen, Weiden und Ackerkulturen gehen, können wir am Bewuchs (Wuchshöhe, Blattfarbe, Vitalität, Homogenität der Fläche, etc.) erkennen, ob der Boden in der Nährstoff- und Wasserführung ausgeglichen ist. Fehlt es an Nährstoffen oder an Wasser, so bleibt die Wuchshöhe zurück. Fehlt der Stickstoff, dann bleiben die Pflanzen kleiner und auch in der Farbe hellgrün. Unterversorgte Pflanzen sind auch krankheitsanfälliger. Pilze, Bakterien und auch Schädlinge gehen lieber auf „gestresste" Pflanzen und schädigen sie weiter. Oft sind die Pflanzenbestände in der Fläche unterschiedlich, einmal optimal grün, und dann kleinwüchsig und hellgrün bis gelblich. Entweder ist hier der Boden generell vom Aufbau her anders, oder der Boden wurde hier verdichtet, ungleich gedüngt oder es sind Schädlinge im Boden. Wenn wir den Boden öffnen oder mit einer Bodensonde prüfen, so können wir mehr darüber sagen.

Begreifen

Wenn wir den Boden angreifen und dieser sehr krümelig, reich an Humus und fein im Griff ist, so besteht eine gute Bodenstruktur. Lassen sich plattige und grobe Strukturen feststellen, dann zeigt dies Verdichtungen an. Diese Verdichtungen nehmen dem Boden die Grob- und Feinporen. Fehlen die Poren, so können die Bakterien und Pilze, aber auch die Würmer und Bodentiere darin nicht leben und auch nicht die Nährstoffe für die Pflanzenwurzeln aufbereiten. In den Poren werden Luft und Wasser gespeichert, in den Kapillaren wird das Wasser vom Grundwasserkörper in die oberen Bodenhorizonte geliefert. Gibt es Schichten im Boden, die dieses Gefüge stören, so hat dies negative Folgen für die Pflanzen.

Messen

Damit man gewisse Werte im Boden genau erkennen kann, muss der Boden beprobt und im Labor untersucht werden.

Mit einem Bodenprobenbohrer sticht man im Grünland aus dem Oberboden (0–10 cm) pro Hektar 30 bis 40 mal, bei Ackerboden nimmt man von 0 bis 20 cm (Ackerkrume) aus 20 Probestellen eine Bodenmenge von rund 1 kg. Dann gibt man das in ein Papiersäckchen und schickt dieses ins Labor. Dort können der pH-Wert, der Humusgehalt, die Aggregatstabilität, die Nährstoffsituation (Phosphor, Kali, Stickstoff, Eisen, Selen, etc.), die Schwermetallfraktionen (Cadmium, Chrom, Blei, Quecksilber, etc.) und die Bodenaktivität festgestellt werden. Man kann aus diesen Werten ablesen, was dem Boden fehlt oder welche Probleme vorliegen. Ein guter Bauer versucht dann, den Boden wieder zu verbessern.

Pflanzen holen die Sonne auf die Erde

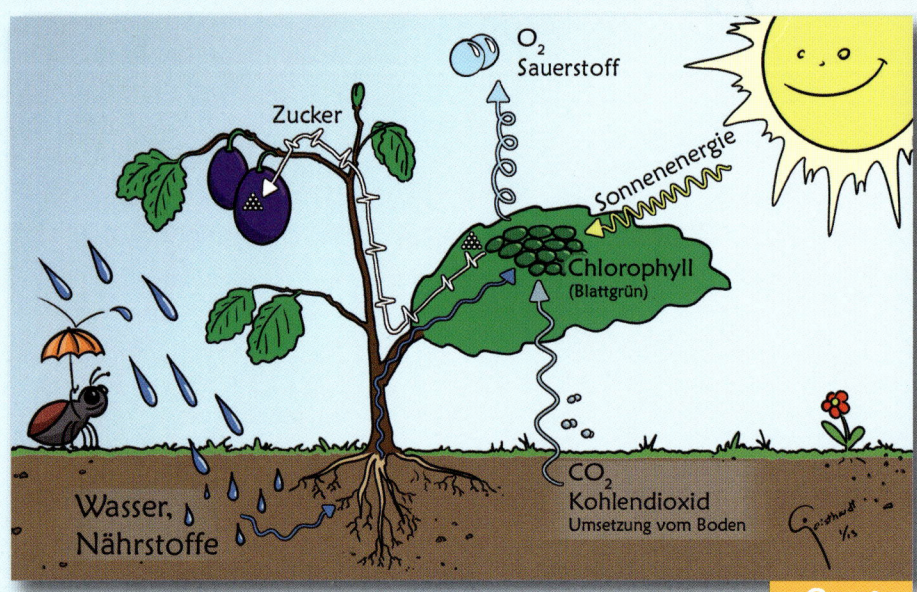

Gerste

Die Pflanzen – Teil unseres Lebens

Die Pflanzen auf unseren Wiesen, Weiden, Almen, Feldern und Wäldern sind als einzige in der Lage, die Sonnenenergie über das Blattgrün aufzunehmen. Rund 1,2 % der gesamten Sonnenenergie werden so in der Photosynthese umgewandelt.

Wie schaut dieser wichtige – ja existenziell wichtige – Prozess in den Pflanzen aus?

Die meisten Pflanzen haben grüne Blätter, in denen das Chlorophyll (Blattgrün) die Energie in einer bestimmten Wellenlänge aufnehmen kann. Diese Energie ist ein wichtiger Teil für den nachfolgenden Umwandlungsprozess. Die Blätter haben auf der Unterseite kleine Spaltöffnungen (Stomata), über die sie einerseits Wasserdampf abgeben und andererseits Kohlendioxid (CO_2) aufnehmen. Dieses Kohlendioxid stammt großteils aus den Abbauprozessen aus dem Boden – wird organische Substanz von den Mikroorganismen im Boden abgebaut, so entsteht CO_2. Andererseits hat die Wurzel Wasser aus dem Boden aufgenommen, und die Pflanze transportiert das Wasser bis zu den Blättern.

Weizen

Roggen

Ackerkulturen

Dieser geniale Prozess in der Natur lässt uns überhaupt erst überleben. Da entsteht jeden Tag neue Biomasse und somit Nahrung für das Bodenleben, für die Tiere und für den Menschen. Ganz entscheidend ist in diesem Prozess auch, dass Sauerstoff von den Pflanzen abgegeben wird. So produziert ein Hektar Wiese 7 t, Ackerkulturen 4 t und Wald 6 t Sauerstoff pro Jahr. So entstehen einerseits die umgewandelte Energie in Zucker und andererseits der lebensnotwendige Sauerstoff. Außerdem wird dabei CO_2 verbraucht und gebunden, was gut ist, da wir davon schon zu viel in der Atmosphäre haben. 1,2 % der Energie klingt nicht viel, aber sie sind die Ursache dafür, dass wir zu essen haben, dass die Tiere sich ernähren können, und dass über Jahrmillionen die fossilen Energieträger in den „Energiefeldern" der Erde entstehen konnten. Beim Verbrennen dieser fossilen Energieträger wird das damals gebundene CO_2 – Ursprung von Öl, Erdgas und Kohle waren auch Pflanzen – in die Atmosphäre ausgestoßen. Wir stoßen zurzeit über Verkehr und Industrie ehemals gespeichertes CO_2 in zu großer Menge aus, sodass dieses gesamte CO_2 nicht vollständig über die Photosynthese verarbeitet werden kann. Das ist der vielbesprochene Treibhaus-

Sonnenblume

effekt. Deswegen haben wir über der Atmosphäre eine CO_2-Glocke, die die eingestrahlte und danach reflektierte Energie nicht mehr vollständig ins All lässt, wodurch es zur Klimaerwärmung mit all ihren Folgen kommt.

Die Leistungen der Pflanzen in diesem Umwandlungsprozess können sich je nach den Bedingungen sehen lassen. So entstehen auf einem Zuckerrübenfeld pro Vegetationszeit (5–6 Monate) bis 10.000 kg Zucker pro Hektar. Auf dreischnittigen Wiesen können Milchkühe voll ernährt werden und liefern danach 7.000–8.000 Liter Milch/ha. Auf den guten Weiden wachsen über die Mutterkühe mit ihren Kälbern in jedem Jahr rund 200–300 kg Fleisch pro Hektar zu. Auf einem Weizenfeld, wo bester Qualitätsweizen für unser tägliches Brot entsteht, werden rund 6.000 kg Weizenkörner pro Hektar geerntet. Auf einem Rapsfeld wird die Energie in Öle umgewandelt und es entstehen pro Hektar 1.000 Liter Öl. In einem Obstgarten werden pro Hektar, je nach Sorte, etwa 30.000 kg Äpfel und in einem Weingarten bis zu 8.000 kg Trauben geerntet. Und immer ist dieser grundlegende Prozess der Photosynthese die Basis für unser aller Leben.

Zuckerrübe

Buchweizen

Erbse

Raps

Mohn

Mais

Kürbis

Hopfen

Machen wir einen Streifzug durch die Wiesen und nehmen uns von den einzelnen Pflanzenarten jeweils ein Exemplar. Wer findet die meisten Arten, und sind welche dabei, die wir schon kennen? Die Pflanzen schauen bei genauer Betrachtung alle anders aus. Wir müssen die Augen schulen und genauer hinschauen. Die Kinder sind besonders interessiert und können sich viele Arten merken – auch über längere Zeit. Die verschiedenen Kräuter- und Kleearten haben meist bunte Blüten und sind in diesem Vegetationsstadium gut erkennbar. Die Gräser als Windbestäuber brauchen keine so auffällige Blütenpracht, um Insekten anzuziehen. Sie haben Rispen und Ähren, auf denen zuerst die Blüte und fünf Wochen später die reifen Samen zu sehen sind. Eine systematische Vorgangsweise beim Kennenlernen ist wichtig – es reicht, sich jeden Tag zehn neue Pflanzen einzuprägen. Interesse wecken ist wichtiger als mit Zwang lernen zu müssen. Die Gäste sollten nach dem Urlaub auch deswegen wiederkommen wollen, weil sie mehr Neues kennen lernen möchten.

Pflanzenvielfalt auf unseren Wiesen

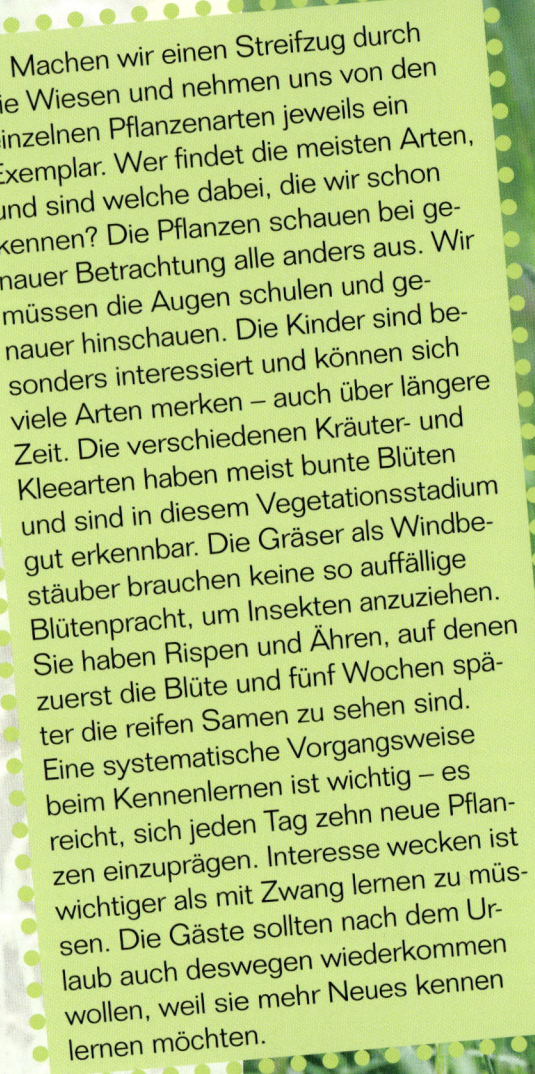

Wiesen, Weiden, Almen und Feldfutterbestände sind etwas Besonderes

Rund 1,6 Millionen ha Grünland bedecken die österreichische Bundesfläche, davon sind rund 50 % äußerst extensive (1- bis 2-malige Mahd oder geringe Beweidung) und ökologisch extrem interessante Flächen, weil sie so artenreiche Pflanzenbestände aufweisen. 50 % sind Wiesen, Weiden und Feldfutterflächen, die schwerpunktmäßig für die Fütterung der Nutztiere herangezogen werden. Die rund 100.000 Grünlandbauern in Österreich können mit dem entstehenden Futter rund 2,5 Millionen Tiere ernähren. Die Grünlandflächen in Österreich weisen extrem viele unterschiedliche Arten im Pflanzenbestand auf. Man kann auf jeder Fläche zwischen 20 und 100 Arten an Gräsern, Kräutern und Klee finden. In Österreich kommen rund 3.000 unterschiedliche Wiesen- und Weidepflanzen vor.

Almampfer

Kuhblume

Weißer Germer (Giftpflanze)

Wiesenfuchsschwanz

Knaulgras

Taubnessel

Bürstling (auf der Alm)

Hahnenfuß

Goldhafer

Klappertopf

Klee

Schwertlilie

Springkraut

Narzisse

21

In der Evolution haben sich Tiere entwickelt, die das Wiesen- und Weidefutter bestens verwerten können. Sie haben dazu auch ihren Verdauungsapparat dem Futter angepasst. Rinder, Schafe, Ziegen, Hirsche, Rehe usw. zählen zu den Wiederkäuern mit vier unterteilten Mägen, wo jeder Teil wichtige Aufgaben zu erfüllen hat. Die Pferde als ursprüngliche Steppentiere haben ihren Blinddarm derart groß ausgebildet, dass die Mikroorganismen auch das gröbere Futter verdauen können. Diese Tiere sind absolute Spezialisten für Grünlandfutter. Nur so können wir Menschen auch über die Umwandlung von Raufutter zu Milch und Fleisch, an so kostbare Lebensmittel kommen. 55 % der österreichischen landwirtschaftlichen Nutzflächen bestehen aus Grünland – würden wir diese Tiere nicht haben, hätten wir rund 40 % weniger Lebensmittelproduktion in Österreich. Würden wir auf das Fleisch der raufutterverzehrenden Tiere verzichten müssen, so hätten wir weltweit etwa 50 % an Nahrungsmitteln weniger für uns Menschen zur Verfügung, und dies bei steigender Weltbevölkerung und sinkenden „fruchtbaren" Flächen.

In Österreich finden wir eine bäuerliche kleinstrukturierte Landwirtschaft vor, in der die Kuhzahlen pro Betrieb bei durchschnittlich 13 Kühen liegen und die Kühe auf ihre Namen (Mädchennamen) hören.

Viele „Urlaub am Bauernhof-Kinder" durften als Pate bei der Geburt eines Kalbes den Namen geben.

Futter für unsere Tiere

Diese Wiederkäuer besitzen als ausgewachsene Tiere einen Pansen mit einem Volumen von rund 150 l Inhalt – ein riesiger Fermenter für Biomasse. Bei der Umsetzung von Biomasse durch Mikroorganismen im Pansen entsteht das Gas „Methan", welches von den Tieren abgegeben wird. Dieses Methan ist in der Atmosphäre schädlich. Die Mengen, die von den 2,5 Millionen Wiederkäuern in Österreich abgegeben werden, sind im Vergleich zu den Abgasen im Verkehr oder der Industrie aber äußerst gering.

Woraus besteht dieses Futter von den Wiesen und Weiden?

Die Pflanzen auf den Wiesen und Weiden weisen alle Stängel und Blätter auf, wobei die nachwachsenden Stängel Strukturmaterial in Form von Cellulose, Hemicellulose und Lignin (Holz) einlagern, um Blüten und Samenständen möglichst viel Licht zu geben. In den Blättern sind die wertvollen Inhaltstoffe wie Rohprotein (Eiweiß), Rohfett (Omega-3-Fettsäuren), Energie in Form von Kohlenhydraten und Mineralstoffe sowie Vitamine enthalten. Ein Pflanzenbestand, wie er auf der Wiese und Weide steht, beinhaltet rund 80 % Wasser und 20 % Trockenmasse. Die Strukturmaterialien – die Bauern nennen diese Rohfaser – dienen dem Wiederkäuer für eine funktionierende Verdauung. Im Pansen einer Kuh haben 150 l Inhalt Platz, wovon gut 20 kg Mikroorganismen enthalten sind. Diese Mikroorganismen zerlegen das Futter in seine Bestandteile. Das Futter wird vom Wiederkäuer lange gekaut – es kommt nochmals vom Pansen in den Maulbereich hoch, bis es fein genug für die anderen drei Mägen und für den Darm ist. Beim Wiederkauen wird der Oberkiefer bewegt, was den Speichelfluss von der Ohrenspeicheldrüse ausgehen lässt. Der Speichel – pro Tag und Tier an die 100 bis 150 l – macht die Nahrung schlüpfrig und reguliert auch den pH-Wert im Pansen. Die Mikroorganismen brauchen einen pH-Wert von rund 6,0. Wird zu viel Kraftfutter gefüttert, so braucht die Kuh nicht so häufig kauen – normalerweise macht sie pro Tag 30.000 Kauschläge – und der pH-Wert geht in den sauren Bereich, wo die zuständigen Mikroorganismen für die Verdauung absterben. Der Wiederkäuer braucht also Heu, Silage und Weidefutter. Das Pferd kaut nicht wieder, könnte das Futter auch gar nicht hochbrechen, kann aber mit noch mehr Mikroorganismen im großen Blinddarm auch gröberes Futter verdauen.

Das Futter hat alle wichtigen Inhaltstoffe und auch die nötige Rohfaser, damit die Tiere sich gut ernähren können.

Wie sieht nun Heu oder Silage aus?

Das Futter auf der Wiese wird an Sonnentagen gemäht und für ein rasches Trocknen mit Spezialgeräten gewendet. Dies wird über zwei bis drei Tage wiederholt bis es ganz trocken ist. 10 % Wasser können im Heu verbleiben, dann ist es lagerfähig. Trockenes Heu oder Grummet können im losen Zustand am Heuboden lagern und zur Fütterung in der Futterration eingesetzt werden. Heubauern, die Heumilch liefern, füttern ihren Tieren im Winter nur Heu, im Sommer können sie neben dem Weidefutter auch Heu bekommen. Manche Bauern haben auch eine Belüftungsanlage, um das angetrocknete Heu früher von der Wiese zu holen und es auf dem Heuboden in speziellen Trocknungsanlagen endzutrocknen.

Viele Bauern machen aus dem Grünlandfutter eine Grassilage. Hierzu wird das gemähte Futter nur ein bis zwei Tage angetrocknet (angewelkt) und dann in Ballen gepresst und luftdicht eingewickelt. Größere Bauern haben einen Hoch- oder Fahrsilo, wo sie das angewelkte Futter luftdicht einlagern. Entscheidend beim Silieren ist, dass das angewelkte Futter luftfrei verpackt wird. Dann läuft der gleiche Prozess ab, wie wenn z.B. Sauerkraut gemacht wird. Die Milchsäurebakterien, die nur unter luftfreien Zuständen arbeiten, produzieren die Milchsäure. Die Säure senkt wiederum den pH-Wert auf etwa 4, und damit werden die luftliebenden Pilze und die säureempfindlichen Gärschädlinge ausgeschaltet. Gelingt das nicht, so können Schimmelpilze und Bakterien die Silage überriechend machen. Die Silage ist, gleich wie Heu, ein ganz natürliches Produkt, das ein haltbares Futter für den Winter darstellt.

Die Kinder sollten gerade von den Siloanlagen (Hoch- oder Tief-silo) wegen der Gärgase (Kohlen-monoxid) ferngehalten werden. Obwohl es verlockend ist, sollten die Kinder nicht auf den Ballen he-rumhüpfen, immer wieder lösen sich welche und überrollen die Kinder tödlich; ein Ballen wiegt rund 600–1.000 kg.

Aus Wiesenfutter wird

Will man die Unterschiede zwischen Heu und Silage besprechen und zeigen, so sollte unbedingt im Freien ein Tisch aufgestellt werden, wo das konservierte Futter gemeinsam bewertet wird.

Man bewertet den Geruch, die-Farbe, die Struktur und die erdige Verschmutzung. Es gibt ein genau vorgegebenes Schema (ÖAG-Futter-bewertung), nach dem Heu und Silage von jedem Einzelnen mit sei-nen Sinnen in einer „Heugala" oder einem „Silagefest" zur Bewertung kommt. Im Futter können die einzel-nen Arten, die wir auf der Wiese fin-den, auch wiedererkannt werden. Nach der Bewertung lädt das Heu zum „Heuhupfen" ein.

Wie viel fressen nun Tiere von diesem Futter?

Eine Kuh frisst pro Tag bei guter Futterqualität rund 12 bis 14 kg Heu. Bekommt diese Kuh nur Grassilage, dann wird sie von einer schmackhaf-ten Silage rund 30 bis 40 kg aufneh-men, und steht diese Kuh den ganzen Tag auf der Weide, so nimmt

sie bis zu 75 kg Weidefutter auf, grö-ßere Kühe bis zu 100 kg.

Im Stall bekommen die Tiere, je nach Leistung und Rasse, eine Ra-tion aus unterschiedlichem Futter, gleich wie bei den Menschen ein Menü. Zuerst erhalten sie Grassi-lage, dann etwas Kraftfutter und zu-letzt Heu.

Bei gutem Futter fressen die Tiere den „Futtertisch" oder die „Krippe" leer. Wenn nicht, so wird vor der nächsten Fütterungszeit – unserer Mahlzeit ähnlich – mit einem saube-ren Besen der Vorlageplatz gereinigt. So erhalten alle Tiere, ob jung oder alt, die richtige Nahrung mit den rich-tigen Inhaltstoffen. Bei den Wieder-käuern und den Pferden spielen die Strukturstoffe – sprich Rohfaser – für die Verdauung eine besondere Rolle. Das Rohprotein (Eiweiß) ist für die Bildung von Fleisch und Milch wich-tig, es ist im Futter (Silage, Heu und in der Weide) in einer guten Menge vorhanden. Im Futter befinden sich auch Kohlenhydrate, die den Tieren Energie spenden. Man sieht, dass Tiere mindestens so nach ihrem Be-darf gefüttert werden, wie sich Men-schen oft nach einer Nährstofftabelle ernähren. Für alle Futterpartien gibt es eine Futterwerttabelle, die der Bauer für die Fütterung seiner Tiere einsetzen kann. In den Grünpflanzen sind auch viele Mineralstoffe (Kalium, Magnesium, Selen, Kupfer, Zink, Mo-lybdän, Bor, etc.) enthalten. Interes-sant ist auch, dass bestimmte wichtige Fettsäuren im Futter vor-kommen, wie die Omega-3-Fettsäuren, die wir in der Milch und im Fleisch für unsere Nahrung wie-derfinden.

Gehen wir in den Stall und schauen uns die Fütterung und die Futtermittel einmal näher an.

Den Tieren wird zweimal, manchmal auch dreimal pro Tag Futter vorgelegt – sie können im Stall und auf der Weide bis zu acht Stunden Futter aufnehmen, acht Stunden kauen sie wieder und acht Stunden ruhen sie. Tiere, die gerade Milch geben – das tun sie 305 Tage im Jahr (Laktationszeit) –, brauchen besseres Futter, da eine höhere Leistung auch besseres Futter voraussetzt. In der Zeit, wo sich die Muttertiere auf das Kalb vorbereiten, stehen sie trocken – d.h. 60 Tage im Jahr werden sie nicht gemolken. In dieser Babypause bereiten sie sich auf die Geburt und die Zeit danach vor. Die Kühe sollen jedes Jahr ein Kalb, die Schafe zwei bis drei Lämmer, die Ziegen ein bis zwei Kitze und die Pferde ein Fohlen geben.

Ernährung der Kälber

Diese Tierkinder bekommen nach der Geburt Muttermilch. Gerade in den ersten Tagen nach der Geburt ist die Milch besonders reich an Immunstoffen und Vitaminen. Bei der Mutterkuhhaltung können die Kälber frei zur Mutter gehen und holen sich die Milch – das können sie bis zu 300 Tage lang machen. Bei der Milchkuhhaltung bekommen sie einige Wochen Muttermilch, danach wird die Milch zur Molkerei geliefert. Die jungen Kälber bekommen dann schon zartes Heu vom zweiten Aufwuchs (Grummet) und werden langsam zum Wiederkäuer erzogen. Bei Schafen, Ziegen und Pferden gehen die Kleinen auch zur Mutter und versorgen sich selbst mit der Milch. Die Muttermilch ist auch bei den säugenden Tieren – wie in der Stillzeit – gegeben. Im Schweinestall, wo die Muttersauen ihre Kleinen bekommen, saugen oft zur gleichen Zeit bis zu 16 Ferkel an der Mutter.

Futter für die Tiere

Zurück in den Stall zu den Rindern, Schafen, Ziegen und Pferden. Was ist hier das tägliche Brot der Tiere und wie wird es hergestellt?

Nachdem wir in den Bergen und in Europa im Winter mindestens 5–6 Monate eine vegetationslose Zeit haben, muss der Bauer im Sommer Futter auf der Wiese mähen und für die Winterzeit konservieren. Die Menschen frieren Nahrungsmittel (Fleisch, Gemüse etc.) ein, trocknen sie (Gewürze, Dörrobst, Pilze, etc.), säuern sie (Sauerkraut, Essiggurken, Schwammerln etc.) ein oder räuchern sie (Speck, Räucherfisch etc.), um ein abwechslungsreiches Angebot auf den Tisch zu bringen. Beim konservierten Futter geschieht das Gleiche, nur in großen Mengen, um die Tiere über den Winter zu füttern.

Heu und Grummet

Die früheste Form der Konservierung ist das Trocknen des Futters. Hier wird der Pflanzenbestand gemäht und über zwei bis vier Tage auf der Wiese bei schönem Wetter getrocknet. Das Gemähte muss nochmals gewendet werden – heute mit dem Kreiselheuer, früher händisch mit dem Rechen. Gegen Abend wird das Futter geschwadet, auf Reihen zusammengerecht und vormittags

wieder zum Trocknen aufgebreitet.
Je nach Wetter (Temperatur, Wind
und Sonnenschein) geht das oft über
vier Tage. Erst wenn Blätter und
Stängel der Pflanzen ganz trocken
sind, wird das Heu bei Sonnenschein
auf den Heuboden gebracht. Manche
pressen das Heu am Feld zu Ballen,
die dann trocken eingelagert werden.
Heubauern, die schneller sein möchten und jedes Mal beste Heuqualität
einfahren wollen, gehen mit dem
halbtrockenen Futter auf Belüftungs-
anlagen. Hierbei wird mit „trockener"
Luft die Restfeuchte mit Ventilato-
ren/Gebläsen aus dem Trockenfutter
befördert. Bei diesem Heu bzw.

Grummet bleibt in den Blättern die
grüne Farbe erhalten.

Heubewertung

Nehmen wir Heu aus dem Betrieb
und machen wir alle zusammen eine
Heugala. Auf einem großen Tisch mit
guten Lichtbedingungen soll eine
rund 5 kg-Heuprobe aufgelegt werden. Wir stehen oder sitzen dazu und
beginnen zu bewerten. Zuerst achten
wir auf die unterschiedlichen Pflanzen im Heuhaufen. Jeder sucht Arten
heraus und legt sie auf – vielleicht
kennen wir einige. Jetzt nehmen wir
mit beiden Händen eine Heuprobe
heraus und führen sie zur Nase.
Dann atmen wir bei geschlossenem
Mund durch die Nase ein. Wenn das
Heu gut ist, riecht es aromatisch,
duftig, würzig und angenehm. Ist der
Geruch muffig oder kitzelt es in der
Nase, so sind Schimmelsporen im
Heu, heben wir die Probe hoch und
lassen sie auf den Tisch fallen, dann

*Sollte jemand Allergien haben, dann
wäre eine intensive Auseinandersetzung
mit Heu und Stroh problematisch.
Vor allem wenn die Pollen bei der Grä-
serblüte dicht auf den Rispen und Ähren
sitzen, ist Stufe rot angesagt.*

der Tiere

staubt diese auch. Wir können dafür bei bestem Geruch 5 Punkte vergeben, je schlechter desto weniger.

Als nächstes schauen wir die Farbe an – je grüner, desto besser. Wenn die Stängel ausgeblichen sind oder viele braune bzw. schwarze Blätter und Stängel dabei sind, ist die Qualität nicht so gut. Eine ganz grüne Probe bekommt 5 Punkte, eine braune oder schwarze auch mal 0 Punkte. Greift man die Probe kräftig an und drückt sie mit der Faust zusammen, dann spürt man etwas. Ist es weich im Griff, so ist die Struktur, das Gefüge, bestens. Sind harte spießige Stängel dabei, so stellt das auch Probleme bei der Fütterung dar. Weiches Gefüge spricht dafür, dass der Bauer gut mit seinen Geräten gearbeitet hat – alle Blätter und Blütenknospen sind noch dran. Diese Probe bekommt 7 Punkte, ganz spießige und harte Stängel bekommen höchstens 1 Punkt. Zuletzt schauen

wir auf die Tischplatte, ob sich unterhalb der Probe Schmutz angesammelt hat – ganz feine Schmutzschlieren. Wenn nicht, ist das super – diese Probe bekommt 3 Punkte. Andere, bei denen viel erdige Verschmutzung da ist, bekommen 0 Punkte. Zählen wir alle vier Bewertungen zusammen, so könnten bei der besten Probe 20 Punkte rauskommen. Das wäre fantastisch. Als Abschluss der Heuwertung kann eine Heuprinzessin gekürt werden. Die Heuprinzessin, die die Heuproben am besten bewertet hat, darf dem „Heumeister", dem Bauern oder der Bäuerin, zu dieser Qualität gratulieren.

Was ist eine Silage?

Viele glauben, hier handelt es sich um ein „chemisches" Produkt. Nein, hier hat eine natürliche Ansäuerung, ähnlich wie beim Sauerkraut, im Silo oder Ballen stattgefunden. Wurde das angewelkte Futter nach ein bis zwei Tagen vom Feld in den Silo oder in den Ballen gepresst und luftdicht verschlossen, so beginnen sich schnell natürlich vorkommende Milchsäurebakterien zu vermehren. Sind es ein bis zwei Millionen pro Gramm Futter, dann beginnen sie Milchsäure zu produzieren, die die Silage konserviert. Dabei wird der pH-Wert von 6 auf 4 abgesenkt. Ein Teil der Gärschädlinge wird nun ausgeschaltet. Silage kann auch manchmal stinken oder verschimmeln und warm werden.

Die Bauern müssen beim Silieren Regeln einhalten, dann gibt es ein schmackhaftes Futter. Die Tiere nehmen gerne Silage auf, geben davon auch gute Milch und haben einen guten Fleischansatz.

Wer ist der Siliermeister?

Der Siliermeister ist jener Bauer, der eine schmackhafte, brotartig riechende Silage herstellen kann. Sie sollte nicht nach Buttersäure stinken und auch nicht muffig sein. Eine Topsilage bekommt 14 Punkte, schlecht riechende kann auch –3 Punkte bei der Bewertung bekommen. Die Farbe soll olivgrün und nicht grau bis schwarz sein. In der Farbe kann man 3 Punkte vergeben und in der Struktur, wenn alle Blätter da sind, können ebenfalls 3 Punkte angesetzt werden. Bestenfalls kann die Silage auch 20 Punkte erhalten. Derjenige, dessen Silage die meisten Punkte bekommt, ist der Silomeister.

Es ist eine große Leistung vom Bauern, ein qualitativ hochwertiges Futter herzustellen. Er will auf jeden Fall bestes Futter für seine Tiere, aber das Wetter spielt nicht immer mit. Füttert der Bauer seinen Tieren neben der Weide nur Heu, dann gibt es Heumilch. Die berühmte Heumilch, mit der man einen „Heukäse" machen kann. Wenn die Silage gut vergoren ist, schmeckt auch die Silagemilch sehr gut und weist von den Inhaltstoffen ß-Carotin (Vorstufe von Vitamin A) und Omega-3-Fettsäuren ähnliche Werte wie die Heumilch auf.

Nutztiere sind keine Kuscheltiere

Nicht alle Tiere sehen gleich aus

Als der Bauer sesshaft wurde, begann er, auf ausgewählten Flächen verschiedene „Kulturen" anzubauen. Der damalige Bauer – zuerst war er Jäger und Sammler – vermochte auch, damalige Wildtiere zu nutzen. Er gewöhnte sich an die Nutztiere, sorgte für sie und führte sie von einer Weide zur anderen. Die Tiere gaben ihm dafür Milch, Fleisch, Wolle, Eier und Mist. Mit dem Mist

konnte er heizen oder die Äcker düngen. Die Wildtiere wurden auf vielen Teilen der Erde von Bauern domestiziert – es ergaben sich dadurch bei den Rindern, Schafen, Ziegen, Pferden, Hühnern und Schweinen viele unterschiedliche Rassen. Es gibt Rinder mit unterschiedlichem Fell und Haarkleid. In Österreich haben wir rund 2,5 Mio. Tiere, die sich von den Wiesen und Weiden ernähren. Es werden leider immer weniger, weil viele Bauern aufhören und keine Tiere mehr halten. Bei den Rindern kennen wir alte Rinderrassen (Grauvieh, Murbodner, Pinzgauer, Tuxer etc.) und moderne Rinderrassen (Holstein Friesian, Fleckvieh, Braunvieh, Red Friesian etc.). Die einen geben mehr Milch (Milchrassen) und die anderen mehr Fleisch (Fleischrassen, wie Limousin, Charolais, Blauer Belgier etc.). Dann gibt es noch Rassen, die an die natürlichen Bedingungen noch gut angepasst sind, wie Hochlandrinder, Galloway, Aberdeen Angus etc.

So wie bei den Rindern gibt es bei allen Tieren unterschiedliche Rassen.

Bei den Pferden unterscheidet man zwischen Kalt- und Warmblut. Pferde hatten früher auf den Höfen ihre Hauptaufgabe als Zugtiere. Heute sind sie unsere Lieblinge in der Freizeit. Auch bei den Schafen und

Ziegen gibt es viele Rassen und Typen, die auch unterschiedliche Lebensräume weltweit bestens nutzen können. Jede Rasse hat ihre Vorzüge für bestimmte Eigenschaften – ihre Talente. Die normale Züchtung versucht nun, die positiven Eigenschaften der einen mit jenen der anderen

immer mit Respekt und Abstand nähern. Vorsicht ist besonders geboten, wenn Mutterkühe auf der Weide ihre Jungen schützen und verteidigen wollen. Die Kälber oder Lämmer bzw. Kitze und auch Fohlen sind oft so lieb und kuschelig und verleiten zum Streicheln. Die Mütter beschützen instinktiv ihre Kinder und gehen fallweise auf Menschen los. Auch ist es nicht ratsam, den eigenen Hund mit in den Stall oder auf die Weide zu nehmen. Es gibt immer wieder Verletzte, ja auch Tote, zu beklagen. Deswegen sollte man nicht alleine auf Weiden und in die Stallungen gehen. Sind die Bäuerin oder der Bauer dabei, dann gibt es kein Problem.

Vorsicht! In diesen Bändern fließt Strom! Elektrozäune grenzen die Weideflächen für die Tiere ab.

Rasse zu kreuzen – es entstehen dann wieder neue Eigenschaften mit möglicherweise neuen Rassen.

Jedes Tier hat aber ein eigenes Gesicht, ein eigenes Fell, schöne Augen und ist uns in den Sinnesorganen oftmals weit überlegen. Sie riechen und hören besser, sehen größer und übertreffen uns meistens in der Mobilität. Sie laufen, springen, schwimmen und klettern auch besser als wir.

Die Nutztiere sind in der Regel gegenüber dem Menschen, insbesondere dem Bauern, sehr zutraulich. Man sollte sich den Tieren jedoch

Lieber immer etwas vorsichtiger sein und auf Distanz gehen, als gleich zu nah.

Traktor mit Presse

Werkzeuge und Geräte

Der Beruf des Bauern ist ein sehr vielfältiger, denn es gilt nicht nur mit Pflanzen und Tieren zu arbeiten, sondern auch mit vielen verschiedenen Werkzeugen. Denn immer, wenn etwas zu reparieren, renovieren oder überhaupt neu zu bauen ist, entpuppen sich die Bauern als begabte Handwerker und kreative Bastler. Das beginnt beim einfachen Aufstellen von Zäunen und reicht bis hin zu komplizierten Aufgaben, wie dem Reparieren von Traktoren.

Oft haben Bauernhöfe eine eigene Werkstätte mit dutzenden Werkzeugen, manche für Metall- andere für Holzarbeiten. Verschiedenste Arten von Hämmern, Äxten, Sägen, Zangen, Messern, Schraub-

Mähtrac mit Heuwender

Traktor mit Schwader

Traktor mit Mähgerät

Traktor mit Güllefass

Traktor mit Ladewagen

Grünlandwirtschaft

stöcken, Schraubenziehern und Schraubenschlüsseln sowie Werkzeuge sind in einer solchen Werkstätte vorzufinden. Vielleicht lässt der Bauer die Gäste selbst versuchen, ein Werkstück herzustellen.

Eine erweiterte Form von Werkzeugen sind Arbeitsmaschinen wie Traktoren. Früher waren Arbeiten auf Feldern und im Wald sehr arbeitsintensiv, und es wurden viele Menschen und Zugtiere als Helfer gebraucht. Mit dem Einsatz von Landmaschinen änderte sich das. Das Mähen einer Wiese dauert heute kaum länger als eine Stunde, und auch der Transport von Heu ist zu einer relativ leichten Angelegenheit geworden. Es wäre sicher interessant, den Fuhrpark des Bauern präsentiert und erklärt zu bekommen.

Pferdegespann zum Mähen – wie es einst verwendet wurde

Bauen wir uns selber einen Pfeil und Bogen

Zuerst muss ein geeignetes Stück Holz gefunden werden. Es muss biegsam und gerade sein, wie zum Beispiel Haselnuss. Der Stock soll so lang sein, dass er dem Schützen vom Boden bis zum Kinn reicht, und so dick, dass er ihn mit der Hand gut umfassen kann. An den Enden des Stockes müssen Kerben geschnitzt werden, um daran die Sehne, eine starke Schnur, zu befestigen. Das Bespannen des Bogens könnte für Kinder zu schwierig sein, ein Erwachsener sollte helfen. Nun ist der Bogen fertig – es fehlen die Pfeile. Man sucht dünne Stöcke, die so lang sind wie der Arm des Schützen.

Danach wird auf der dickeren Seite eine Spitze geschnitzt und auf der anderen eine Kerbe. Als Ziel fungiert ein Stück Karton. Nach ein wenig Übung können die Wettbewerbe beginnen.

31

Auf der Alm

Österreich ist ein Almenland, rund 800.000 ha Almfläche bedecken die Bergregionen meist oberhalb der Waldgrenze. Diese Almen werden als Sommerweiden für das Vieh genutzt. Die Bewirtschaftung erfolgt entweder vom Heimbetrieb oder direkt vom Personal auf der Alm über 60–150 Tage, je nach dem, ob es sich um eine Nieder- oder eine Hochalm handelt. Hochalmen gehen bis über 2.000 m Seehöhe, hier liegt die Weidezeit noch bei vielleicht zwei Monaten (Juli/August), weiter darunter kann schon von Juni bis September aufgetrieben werden. Früher wurden auf den meisten Almen Kühe zur Milchgewinnung und Verarbeitung von Käse und Butter gehalten. Heute sind es meist Mutterkühe, Ochsen, Jungvieh, Schafe, Ziegen und Pferde. Die Tiere können sich über den Almsommer in dieser Höhenlage richtig gut entwickeln. Sie werden fit und beweiden die Almen,

die sonst zuwachsen würden. Überall, wo die Tiere gehen, nehmen sie die verschiedenen Gräser und Kräuter auf und ernähren sich bestens. Die Sennerin oder der Senner mit seinen Almbuben, treibt die Tiere von einem Weideplatz zum anderen und achtet darauf, dass die Tiere bei schlechtem Wetter in den Stall, den sogenannten „Trempel", kommen. Wenn es in den Sommermonaten plötzlich Schnee gibt, dann haben sie

Leider werden immer weniger Almen bewirtschaftet, es werden immer weniger Tiere auf die Alm aufgetrieben. Diese artenreichen, unbeweideten Almflächen wachsen zu. In den letzten 50 Jahren sind nahezu 50 % der Almflächen in Österreich verwaldet. Wir sollten gerade die Almtradition als lebendiges Symbol für das Bergleben aufrechterhalten.

auf den Almen das „Notfutter" vom Almanger, der vor den Almhütten eingezäunt vom Weidegang ausgespart wird.

Auf den Almen gibt es eine besondere Vegetation und großen Artenreichtum. Diese jahrhundertealte Tradition auf der Alm, wo die Almleut sich mit ihrem Vieh in die totale Abhängigkeit der Natur begeben, ist eine Kostbarkeit in unserem Land. Die Almidylle, wo sich der übliche Alltag verabschiedet und eine freie, unbeschwerte, traumhaft schöne Welt sich öffnet, entführt uns in einen Lebensraum, der uns viel Kraft und Freude gibt. Eine Übernachtung auf einer Almhütte und eine Morgenwanderung auf die Bergspitze, wo uns der Sonnenaufgang erwartet, bleibt wohl so unvergessen wie ein friedvoller Sonnenuntergang nach einer erlebnisreichen Wanderung durch die Bergwelt.

Die Tiere mit den Glocken (besonders die Leittiere tragen sie) können auch bei plötzlichem Nebeleinbruch

oder wenn sie in bewaldeten Gebieten weiden, gefunden und heimgebracht werden. Ein unfallfreier Almsommer wird aus Dankbarkeit mit einem Almabtrieb, bei dem die Tiere geschmückt werden und die Sennerin besondere Almköstlichkeiten (Raungerln etc.) verteilt, abgeschlossen.

Je nach Alm wird heute selbstgemachtes Bauernbrot mit Almbutter und Almkäse angeboten. Vielleicht gibt es auch Buttermilch oder Vollmilch von den weidenden Milchkühen. Die Milchleistung auf der Alm liegt im Normalfall bei 10 l pro Tag und Kuh. Die weidenden Jungtiere (Kalbinnen und Ochsen) nehmen pro Almsommer so gegen 30–60 kg an Lebendgewicht zu. Aus 10 l Milch kann man rund 2 kg Frischkäse oder 1 kg Hartkäse oder 1/2 kg Butter machen.

Eine Almwanderung, eine Almjause und eine Übernachtung auf der Almhütte sind ein besonderes Erlebnis in den Bergen.

Jagd und Fischerei

Was machen Jäger und Fischer?

Bewirtschaften die Bäuerin und der Bauer mit dem Nutzvieh die Flächen, so sind es die Jägerinnen und Jäger, die sich des Lebensraums, der Hege und der Regulation der Wildtiere besonders annehmen. In Österreich braucht jeder Weidmann eine Ausbildung, damit er sich überhaupt Jäger nennen darf. Die Regionen sind in Reviere eingeteilt, wobei ein Revier die Mindestgröße von 115 ha haben muss. Hat ein Land- und Forstwirt ein solches Gebiet, so hat er eine Eigenjagd – er könnte, wenn er wollte und die Ausbildung hat, seine Fläche jagdlich betreuen. Will er das nicht, so kann er diese Fläche an Jagdausübende verpachten.

Das Wild braucht Ruhe und soll ungestört im Revier leben können. Gehen wir in den Wald, so nehmen wir darauf Rücksicht. Auch beim Ski fahren, Moun-

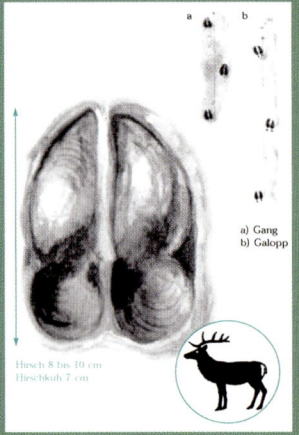

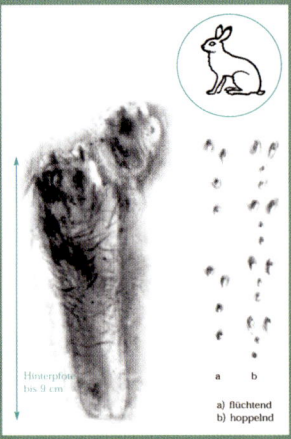

tainbiken und bei Wanderungen bleiben wir auf den vorgegebenen Abfahrten, Wegen und Steigen.

Der Jäger kennt seine Wildtiere im Revier, er versucht sie im schneereichen Winter auch zu füttern und reguliert den Wildbestand in Bezug auf den Lebensraum. Die sogenannten Raubtiere, wie Wolf, Bär und Luchs, sind fallweise in den österreichischen Jagdrevieren in einer kleinen Population vorhanden, jedoch keineswegs in der Lage, den Wildbestand in diesem von der Zivilisation gestörten Lebensraum richtig zu regulieren. Rotwild (Hirsch, Tier und Kalb), Rehwild (Bock, Geiß und Kitz) sowie Schwarzwild, sprich Wildschweine (Keiler, Bache und Frischling), kommen in Österreich sehr häufig vor. Die Population an Greifvögeln (Adler, Habicht, Sperber etc.), Raufußhühnern (Auerhahn, Kleiner Hahn etc.), Gämsen, Steinböcken, Murmeltieren, Fasanen, Hasen, Füchsen, Dachsen etc. ist in ausreichender Anzahl vorhanden.

Ein Jäger erkennt nach den Stimmen (Lauten), den Spuren (Fährten) und den Ausscheidungen (Losungen) alle Wildtiere. Mit den „Lockrufen" kann er auch die Wildtiere ansprechen. Die Jäger haben für gewisse Fachausdrücke eigene Bezeichnungen, die sogenannte „Jägersprache".

Die Bäche, Seen und Teiche beherbergen viele Wassertiere insbesondere Fische. Auch hier braucht es eine Ausbildung und die Berechtigung für den Fang von Fischen.

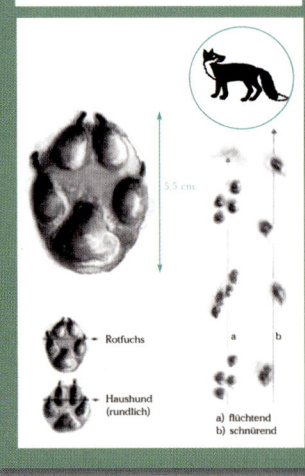

Arbeitsplatz Bauernhof

Die Arbeit am Bauernhof ist extrem vielseitig, sie verlangt der gesamten Bauernfamilie viel ab, jedoch macht sie jeden Tag aufs Neue Spaß. Je nach Schwerpunkt des Bauernhofes zeigt sich auch ein unterschiedlicher zeitlicher Ablauf des Arbeitstages. Auf jedem Bauernhof gibt es am Tag und im Jahreskreis verschiedenste Arbeitsabläufe. In den reinen Ackerbau-, Obst-, und Weinbaubetrieben sowie in den Betrieben mit Spezialkulturen (Hopfen, Gewürze, Holunder etc.) geben die jeweiligen Kulturen die Arbeiten vor. Es ist viel Spezialwissen notwendig, um hier unter freiem Himmel die Kulturen zur Ernte zu bringen. Jeder Bauer versucht mit seinem Boden und seiner Arbeit qualitative Lebensmittel oder Rohstoffe zu erarbeiten. So gibt es die Ackerbauern, die über Schweine, Hühner, Mastrinder etc. ihre Feldfrüchte zu Fleisch veredeln.

Wenn auch auf jedem Betrieb aus der Tradition heraus die Arbeiten abgewickelt werden, so haben auf den Höfen die Computer, die Elektronik und die moderne Kommunikationstechnik voll Einzug gehalten. Die Bauersleut verwenden diese modernen Werkzeuge im ähnlichen Ausmaß wie jeder von uns.

Etwa 35 % der landwirtschaftlichen Betriebe werden von Bäuerinnen geführt. In etwa 65 % der Betriebe geht entweder die Bäuerin oder der Bauer einem anderen Beruf nach. Sie werden dann als Nebenerwerbslandwirte bezeichnet. Die Bauersleut sind in allen Berufen zu finden und werden von den Betrieben gerne beschäftigt, weil sie auch außerhalb des Hofes eine gute Arbeit leisten.

Um einen tieferen Einblick in einen Betriebstyp zu geben, wird nun der Milchviehbetrieb – in Österreich gibt es davon 38.000 – vorgestellt.

Hat der Betrieb Milchvieh (Kühe,

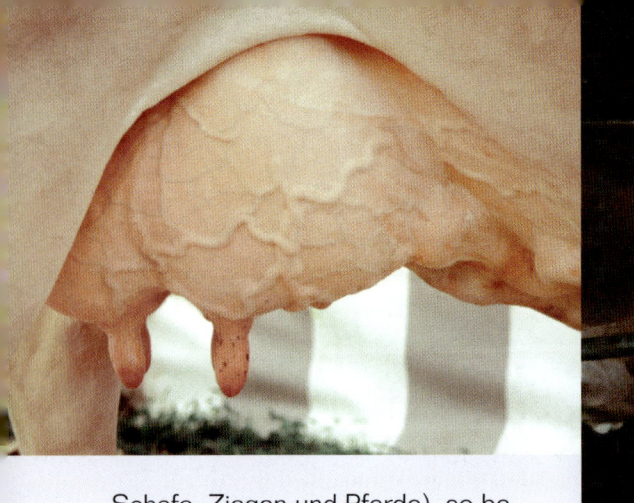

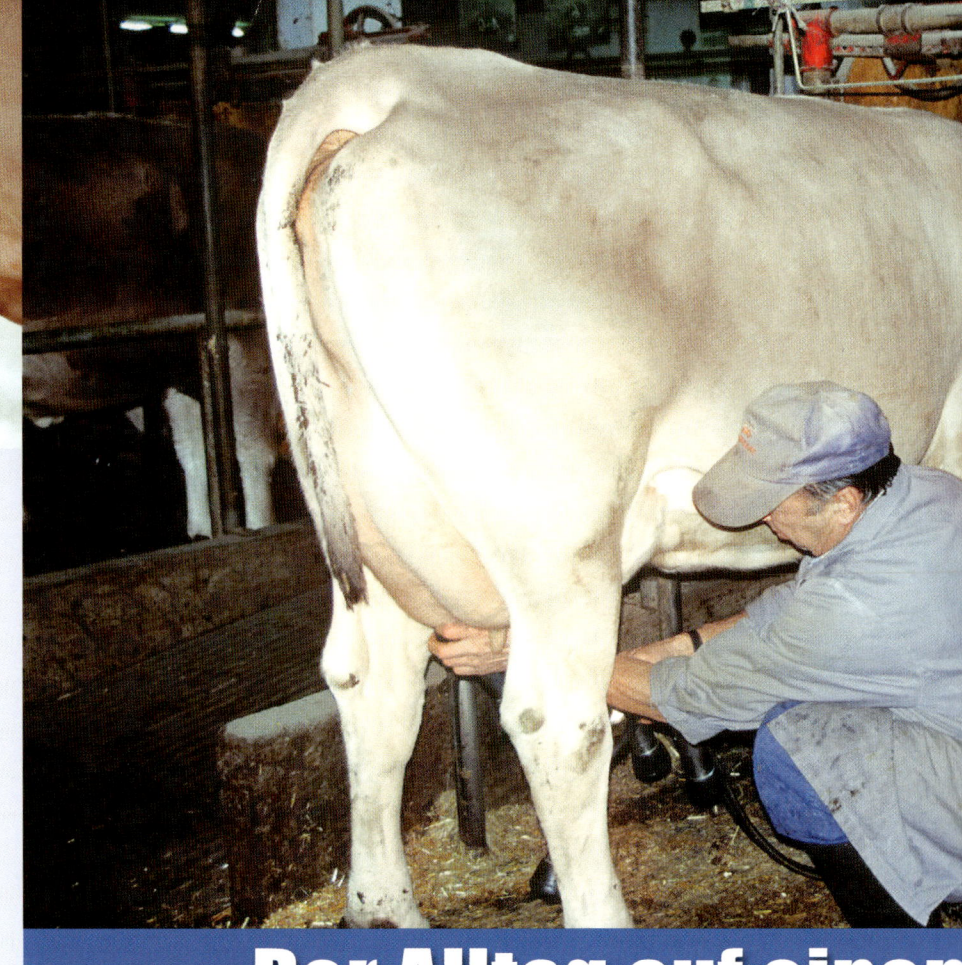

Schafe, Ziegen und Pferde), so beginnt die Tagesarbeit schon zwischen 5:00 und 6:00 Uhr morgens.

Arbeit im Stall

Zuerst bekommen die Tiere den ersten Teil der Futterration (entweder Heu oder Silage), und dann wird mit dem Melken begonnen. Bei jedem Tier wird das Euter mit den Zitzen sauber gereinigt und an die Melkmaschine gehängt. Früher wurden die Tiere per Hand gemolken, heute erledigt zum Teil schon der Melkroboter diese Arbeit. Pro Kuh dauert die Melkung so um die 10 Minuten, davor und danach wird das Euter desinfiziert. Die kleinen Kälber bekommen die Milch und frisches Heu. In dieser Zeit wird auch der Mist vom Liegeplatz geputzt. Zum Schluss werden die Liegeflächen mit sauberem Stroh eingestreut. Die Tiere bekommen je nach Leistung auch Kraftfutter, manche direkt aufs Futter, andere beim Melken, und wiederum eine Möglichkeit ist die Zuteilung über Automaten. Wenn die Tiere nicht im Laufstall sind, gehen sie nach dem Melken in einen freien Auslauf. Die Milch wird im Tank nun auf 6 °C heruntergekühlt und wartet auf die Abholung durch die Molkerei. Die Tiere sind währenddessen im Freien.

Nach ca. 2 Stunden Arbeit im Stall wird gefrühstückt. Die Arbeit im Stall wird je nach dem von Bäuerin oder Bauer durchgeführt. Sind noch Schulkinder im Haus, so sorgt die Mutter dafür, dass die Kinder gut gewaschen, gekleidet und mit einer Jause versorgt das Haus in Richtung Schule verlassen. Der Bauer, der dann vom Stall kommt, die Bäuerin und die Altbauersleut frühstücken hernach gemeinsam. Die Bäuerin gibt auf vieles Acht, bereitet, wenn sie vermietet, das Frühstück für die Gäste vor. Sonst macht sie die Wäsche, bringt die Schlafzimmer in Ordnung und bereitet vormittags das Mittagessen vor.

Arbeit am Feld

Der Bauer schaut nach dem Vieh, pflegt im Frühjahr seine Wiesen und Weiden und zäunt die Flächen ein. Je nach Personalstand der Familie, helfen Jung und Alt zusammen. Im Frühjahr wird auch oft in den Wald gegangen, um Bäume zu fällen und Holz zu hacken. Fallweise werden auch junge Bäume gepflanzt. Die Waldarbeit ist großteils eine Arbeit für die Männer. Eine der stressigsten Zeiten am Hof ist die erste Mahd im Mai, wenn das Futter in das Vegetationsstadium „Ähren-/Rispenschieben" kommt. Es bleiben nur wenige Tage, an denen diese Arbeit zeitgerecht erfolgen muss. In dieser Zeit muss neben der Stallarbeit am Morgen und Abend, die tagesfüllende Arbeit der Futterkonservierung zu Heu oder Silage erfolgen.

Der Bauer mäht dann so gegen 11:00 Uhr, wenn das Futter abgetrocknet ist. Die Bäuerin fährt mit dem zweiten Traktor und dem Kreiselheuer nach und wendet das Futter, damit es gut trocknen kann. Zwischendurch wird gekocht und gegen 12:30 Uhr mittaggegessen. Wenn möglich kommen die Gerichte

für die Mahlzeiten aus dem Hausgarten (Salat, Kräuter, Kartoffeln, Erbsen etc.), aus der Fleischerzeugung (Rind, Schwein, Huhn, Lamm, Kitz, etc.) und aus der Milchproduktion (Käse und weitere Milchprodukte). Meist ist das selbstge- backene Bauernbrot der Stolz der Bäuerin. Wurde früher noch relativ fett gekocht, so hat sich das auch in der Bauernküche verändert. Nach dem Essen wird nach dem Vieh geschaut und möglicherweise sogar etwas Heu oder Silage vorgelegt. Wenn auf den Wiesen

Milchviehbetrieb

und im Wald noch nicht viel Arbeit ist, wird am Nachmittag das Futter für die Abendfütterung vorbereitet. Die Silage wird aus dem Silo geholt oder die Ballen in den Stall transportiert, das Heu vom Heulager gebracht, die Einstreu hergerichtet und das Kraftfutter vorbereitet.

Wurde gemäht, so wird nach dem Mittagessen das Futter am Feld gekreiselt und die Vorbereitung für die nachmittägige Silierung mit Ballen-

presse oder Siloeinlagerung getätigt. Bevor am späten Nachmittag bei schönstem Wetter die Silage gepresst und gewickelt wird, muss das angewelkte Futter geschwadet werden. An solchen Tagen geht am Abend die Bäuerin alleine oder unter Mithilfe der Kinder in den Stall, um zu melken und die Stallarbeit zu erledigen. An den übrigen Tagen, wo die Außenarbeit nicht so drängt, hat die Bäuerin am Nachmittag für die Kinder oder sonstige Erledigungen Zeit. Sie besorgt in der Regel das tägliche Essen, die Kleidung und alles für das Haus. Der Bauer schaut auf die

Maschinen, den Fuhrpark, erledigt die Reparaturen und fährt auch mit dem Zuchtvieh auf die Versteigerungen. Am Abend nach dem Stallgehen, wenn die Tiere alle versorgt sind, kommt die Bauernfamilie zu einem Abendessen oder einer Jause zusammen. Die Mutter bringt die Kinder zu Bett und setzt sich danach mit den Gästen zusammen. Oftmals geht die Bäuerin oder der Bauer auch noch Hobbys (Sport, Musik, Basteln, Tanzen, etc.) nach oder hat am Abend verantwortungsvolle Aufgaben in der Öffentlichkeit (Gemeinderat, Genossenschaft, Weggemeinschaft, Almgemeinschaft, etc.) zu erfüllen.

Arbeitrythmus unter freiem Himmel

Der Tagesablauf ist der Jahreszeit angepasst und richtet sich nach den Tieren. Sie werden permanent betreut, und ihnen gilt große Sorge.

Nach dem Tagwerk sind viele Bäuerinnen und Bauern zufrieden, sehr müde von der Arbeit und denken schon an den nächsten Tag, wo die hungrigen Tiere guten Morgen sagen.

Unser Wald – der große Bruder des Grünlandes

Die Bergregionen waren vor einem Jahrtausend noch bis ins Tal mit Wald bedeckt. Erst vor rund 700 Jahren wurden oberhalb der Waldgrenze – diese liegt so bei 1.600 m Seehöhe – die Almen mit Vieh bestoßen und notdürftige Behausungen eingerichtet, um den Hirten eine Unterkunft zu geben.

Später wurden Almhütten und Stallungen fürs Vieh in diesen Höhenlagen errichtet und Sennereien, also Verarbeitungsmöglichkeiten für die Milch, auf großen Milchkuhalmen eingerichtet. Im Tal und auf den südseitigen Waldflächen wurde der Wald gerodet und daraus Wiesen, Weiden, aber auch Ackerflächen gemacht. 70 % aller Grünlandflächen liegen auf der Südseite der Hänge, da die Heutrocknung dort rascher vorangeht als auf der Nordseite. Zu jener Zeit blieb genügend Waldfläche in Österreich übrig. Erst vor etwa 150 Jahren, in der Zeit der ersten Industrialisierung in Richtung Eisenerzeugung in Österreich, wurde viel Holz für die Kohleerzeugung benötigt, um die Hochöfen zu beheizen. Die „Köhler" – sie haben Kohle aus dem Holz der Wälder gemacht – brachten die hochwertige Kohle mit Pferdefuhrwerken zu den Bahnhöfen, von wo aus es zu den Erzstandorten ging. Damals war der Wald in großer Gefahr. Heute bestehen österreichweit über 50 % der Landesfläche aus Wald, in manchen Regionen sind bis zu 80 % bewaldet.

Die Waldfläche nimmt jährlich zu, weil eben die Wiesen, Weiden und Almflächen dort und da nicht mehr genutzt werden. Jährlich gehen 4.000 ha Grünland in Wald über – es findet eine Verwaldung statt.

In den Niederungen Österreichs haben wir Laubwald (Buche, Eiche, Esche, Birke, Kastanie, Erle) gemischt mit Nadelgehölzen (Fichte, Föhre, Tanne). In den raueren Berglagen nimmt der Fichtenanteil zu und es kommen die Lärche, Zirbe, Eibe und in der sogenannten Kampfzone die Latsche hinzu. An Laubgehölzen gibt es nach Ahorn und Ulme, fallweise gesellen sich die Wildkirsche und die Walnuss hinzu. Im Unterwuchs unserer Wälder sind Sträucher (Holunder, Weiden, Wacholder usw.), Kräuter und Gräser vorhanden. Die Wildtiere holen sich über die Knospen, Blätter und Gräser ihre Äsung, auch gibt es rund 400.000 ha, auf denen im Wald eine Waldweide für Nutztiere stattfindet.

Eiche

Buche

Haselstrauch

Holunderblüte

Holunder

Lärche

Linde

Esche

Fichte

Tanne

Birke

Holz, wichtiger Rohstoff und Energieträger

Der Holzreichtum in den Wäldern stellt für viele Bauern ein wichtiges Einkommen dar. Holz als Bauholz, für Möbel und als Rohstoff für viele Produkte. Ganz wichtig war Holz immer als Brennstoff, heute oft in Form von Hackschnitzel und Pellets. In unseren Wäldern wird weniger Holz pro Jahr entnommen als jährlich zuwächst. Pro Hektar gutem Wald können pro Jahr ca. 3–5 fm (Festmeter) zuwachsen. Leider sind in den letzten Jahren viele extreme Stürme über unser Land gezogen und haben viele Bäume umgeworfen, entwurzelt und ganze Wälder ruiniert. In diesem „gestressten" Wald ist noch der Borkenkäfer als Schädling hinzugekommen, der vor allem der Fichte extrem zusetzt. Der Borkenkäfer – der Buchdrucker – lebt hinter der Borke und zerstört die Leitungssysteme und somit den ganzen Baum. Hat man früher nur den „Brotbaum" Fichte in den Wäldern nachgepflanzt, so wird heute ein Mischwald von Nadel- und Laubgehölzen angestrebt, um eine größere ökologische Vielfalt zu erreichen.

Der Wald ist ein eigener Lebensraum für Pflanzen, Pilze, Tiere und Menschen. Er kann ein ruhiger Rückzugsraum sein, wo man sich gut erholen kann. Das Rauschen der Bäume im Wind und das Singen der Vögel, wie auch einfach die Stille der Natur, und vor allem die frische Luft tun unserer Seele gut.

Kulturlandschaft, geprägt von Bauernhand

Ein ausgewogenes Verhältnis zwischen Wald, Wiesen, Weiden, Äckern und Gärten in einer gepflegten Landschaft mit Hügeln, Bergen, Seen und Dörfern – ja, das ist Österreich. Diese so historisch gewachsene Kulturlandschaft ist zum Großteil im ländlichen Raum von Bauernhand gestaltet worden. Die Kulturlandschaft ist ein wichtiges Produkt aus der Nutzung der Bauern mit ihrem Vieh oder der Kultivierung der Äcker und Obst- sowie Weingärten mit verschiedenen Kulturen. Je nach Landschaft ergibt sich bei dieser „Bestellung" des Landes durch die Bauern im Jahresgang (Frühjahr, Sommer, Herbst und Winter) ein unterschiedliches Bild. Und jede Landschaft, jede Region von der pannonischen Tiefebene des Burgenlandes bis in die gebirgigen Lagen, ist reizvoll und einladend. Beim Ergrünen und zur Blüte im Frühjahr, im Sommer, wenn das Getreide im Wind weht, wenn im Herbst die Früchte, Weintrauben und das Obst heranreifen, wenn im Winter das sanfte Schneebett die Natur ruhen lässt und sie ihre Kraft für das neue Jahr sammelt – jede Jahreszeit bietet ihre besonderen Reize und Schönheiten.

Die Obstgärten – ein Weg durch das Paradies

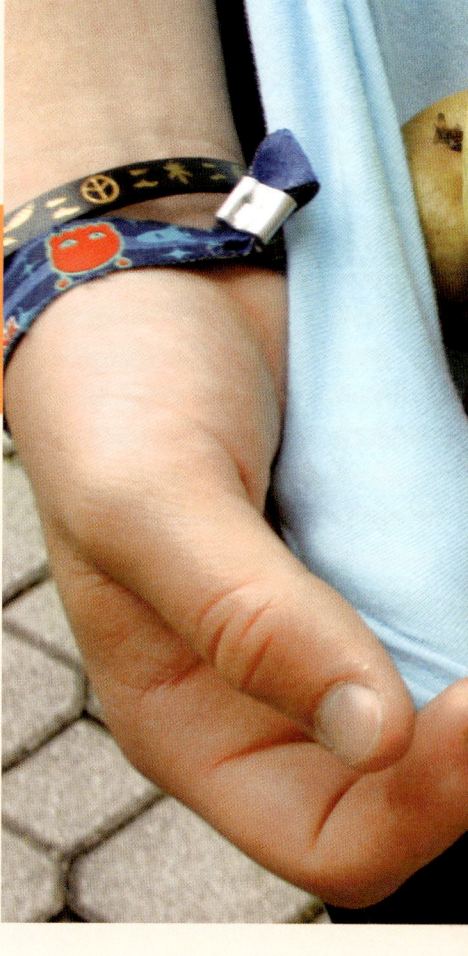

Streuobstgärten

Die Streuobstgärten auf den Bauernhöfen haben eine lange Tradition. Alte Landsorten an Äpfeln, Birnen, Zwetschken, Kirschen, Nüssen und Beeren jeder Art werden in diesen Gärten seit Jahrhunderten kultiviert. Ein Großteil der Arten kommt aus Europa, so hat Erzherzog Johann um 1810 aus England und Frankreich viele Sorten mitgebracht.

Die Bauern wollten schon frühzeitig Obst, Nüsse und Beeren für sich, die Kinder und später auch für ihre Gäste, für die Gesundheit und den Genuss haben. So findet man in den Streuobstgärten die Apfelsorten „Gravensteiner", „Kronprinz Rudolf", „Maschanzker", „Ilzer Weinler", „Schafnase", „Bohnapfel", „Renetten Apfel" usw. – frühreifende oder auch Sorten zum Einlagern bis ins Frühjahr. Die Flaschenbirne Williams, die Mostbirne sowie Hauszwetschken, Pflaumen und Spenling – eine Zwetschkenart – stehen je nach klimatischer Lage in diesen Gärten. In den milden Lagen kommen Pfirsiche und Marillen hinzu.

Fast in jedem Bauerngarten gibt es einen Kirschbaum – die sogenannte „Herzkirsche" – oder einen Nussbaum. Daneben im Gemüsegarten sind Himbeeren, Brombeeren und Heidelbeeren anzutreffen.

Die Streuobstgärten haben Hochstammkulturen, d. h. die Baumstämme sind 2 bis 4 m hoch, neuere Züchtungen haben Halbstämme oder sind gar im Spindelbusch gepflanzt. Diese Streuobstgärten werden sehr extensiv gehalten. Die Bäume werden meist nicht jedes Jahr geschnitten und die Obstkulturen nicht gespritzt. Sie wachsen so auf, wie es die Natur zulässt, und es ist schön, wenn auch reichlich Früchte zur Ernte gelangen. Im sogenannten Erwerbsobstbau werden mit viel Fachwissen neue Kulturen und Sorten herangeführt, gepflegt, vor Schädlingen und Krankheiten geschützt und professionell geerntet und eingelagert. In der Süd- und Oststeiermark, aber auch in anderen Regionen Österreichs, wächst jährlich bestes inländisches Obst heran. Ostösterreich mit seinem „Apfelland" hat

Eine reife Frucht vom Baum zu nehmen, sie zu betrachten, sie mit den Händen zu fühlen und mit der Nase zu riechen, um später kraftvoll hineinzubeißen – ja, das ist der volle Genuss der Natur. Das saftige Fruchtfleisch mit dem reichhaltigen Aroma bieten nur Früchte, die am Baum vollendet gereift sind. Es ist ein besonderes Erlebnis, den Blick auf den Baum und in die Kulturlandschaft zu richten, an die Natur und die Arbeit, die dahintersteckt, zu denken, bevor man diese Lebensmittel in vollen Zügen genießt.

sich in den letzten 50 Jahren bereits zu einer bedeutenden Obstregion entwickelt.

Im April und Mai blühen die Obstbäume und die Bienen versuchen bei Schönwetter die Befruchtung durchzuführen. Schöne herrliche Blüten mit den Kronblättern, den Pollen, Stempeln und Fruchtknoten zeigen sich duftend in ihrer ganzen Pracht. Nach dem Abblühen erwachsen aus dem Fruchtknoten – aus der befruchteten Eizelle – die Früchte.

Vom Herumklettern auf den Bäumen zur Zeit der Befruchtung (Bienenflug) und der Bildung der Fruchtansätze ist abzuraten, da viele Fruchtanlagen dadurch zerstört werden können. Später, wenn die kleinen Früchte schon zu sehen sind, muss auf die Fruchtansätze geachtet werden.

Die Bäume und Sträucher haben ein gutes Blätterdach, mit dem sie die Sonne einfangen und Zucker erzeugen. Dieser Zucker – Assimilate – wird großteils in den Früchten eingespeichert. Die einzelnen Sorten und Arten bauen diesen Zucker in zarte Aromastoffe und Fruchtsäure um. Jeder Apfel, jede Birne oder Kirsche hat einen eigenen Geschmack und ist im reifen Fruchtfleisch weich oder hart.

Früchte oder Saft

Im Herbst wird das Obst von den Bäumen geschüttelt, vom Boden aufgesammelt, gewaschen, und im Presshaus wird der Saft gewonnen.

Die Früchte bestehen meist aus 90 % Wasser und 10 % Inhaltsstoffen (z.B.: Zucker ...). Sie können oft nur begrenzt eingelagert oder zu Marmelade verarbeitet und in Gläsern eingekocht werden. Auf den Bauernhöfen hat es Tradition, das Obst auch zu pressen. Der Saft kann als Süßsaft in Flaschen abgefüllt oder in Fässern zu Most vergoren werden. Hier wandeln Hefepilze den Zucker im Presssaft in Alkohol um.

Wenn im Keller der Traubensaft oder Obstsaft gärt, entsteht auch wieder das tödliche Kohlenmonoxid. In der Herbstzeit, wenn Gärzeit ist, sollte man nur mit dem Kellermeister in den Keller gehen.
Er macht notfalls die Flammenprobe, indem er mit einer brennenden Kerze in den Keller geht. Erlischt die Kerze wegen des Kohlenmonoxids, muss man den Keller verlassen. Das Kohlenmonoxid ist schwerer als Luft und kriecht am Boden.

Auf den Bauernhöfen wird dieser Most als „Haustrunk" beim Essen oder bei der Jause serviert. Die Kinder bekommen einen Süßmost ohne Alkoholgehalt.

Kinder und Erwachsene sollten öfter in unterschiedliche Äpfel und Birnen beißen und kleine Mengen kauen, die Säure und das Aroma bewusst erleben.

Die Weinrebe bringt die Götterfrucht

Vor über 1.500 Jahren brachten die Römer die Weinrebe in unser Land. Sie wird in den wärmeren Lagen kultiviert. Sie besitzt ein tiefes Wurzelwerk, geht auch in steinige Böden und wird schon über Jahrhunderte in Terrassenform in steilsten Hängen gebaut. Weinreben brauchen viel Wärme und Sonne. Es bedarf auch einiger Arbeit, die der Weinbauer bzw. Winzer über das Jahr im Weingarten, in der Presse und im Keller mit viel Fachwissen leistet.

Im Spätwinter werden die Reben am Stock geschnitten und die langen Rebenkordone an die Drähte gebunden. Wein wird sehr häufig von Schädlingen und Krankheiten befallen, die nach genauer Einschätzung richtig bekämpft werden. Nachdem im Frühjahr die ersten Blätter erscheinen, kommen auch die Gescheine und danach die Blüten hervor, aus denen die Trauben erwachsen. Hängen einmal die roten oder weißgelben Trauben an den Reben, dann wird noch entlaubt, damit die Trauben möglichst viel Sonne und auch Nährstoffe erhalten. Im Spätsommer gegen Herbst beginnt die

Lesezeit, wo fleißige Hände mit kleinen Zangen die Trauben von den Reben nehmen. Es gibt viele unterschiedliche Weinsorten. Bestimmte Sorten dienen als Tafelobst zum schmackhaften Verzehr. Die meisten Trauben kommen in die Presse, manche auch in die Maische, um danach den süßen Traubensaft zu erhalten – ein herrliches Getränk. Wird dieser zuckerhaltige Traubensaft in den Fässern vergoren, so entsteht zuerst der sogenannte Sturm. Kann der Traubensaft voll ausgären, so entsteht Wein. Weinhauer, er macht alle Arbeiten im Weingarten, und Kellermeister können die einzelnen Weinsorten zu speziellen Weinen heranreifen lassen.

Diese Weine in kleinen Mengen zu verkosten, zur Freude nach einer gelungenen Arbeit, zum Anlass eines Geburtstages, eines Familienfestes oder einfach, um mit Freunden zusammenzusitzen, ist ein Genuss. Die Kellergassen außerhalb der Dörfer, die Heurigen und Buschenschenken,

sind Orte, wo man im Wein und bei gutem Essen, wie das Sprichwort sagt, die Wahrheit finden kann.

Mittlerweile presst man auch aus den Weintraubenkernen Öl – man braucht rund 12 kg Kerne für 1 l Traubenöl. Außerdem wird aus dem getrockneten Trester, der gemahlen wird, der sogenannte Schneckenschreck gemacht. Dieses rötliche, sehr dekorative Mehl, kann Schnecken von Pflanzen im Garten abhalten, wenn man um den Garten oder um die Pflanzengruppe einen kleinen Wall vom Schneckenschreck anhäuft. Auch in der Kosmetik finden das Traubenkernöl und das Trestermehl Verwendung.

Wenn die Weinreihen quer oder steil bergwärts die Hänge überziehen, die viele Arbeit mit einer qualitativ hochwertigen Ernte belohnt wird, dann können sich die echten Weinkenner auf ein gutes Tröpferl freuen.

Ohne Bienen und Hummeln keine Früchte

Bienen, Hummeln und weitere Insekten bestäuben in der Blütephase und leiten damit die Befruchtung ein, erst so kommt es im Pflanzenreich zur generativen Fortpflanzung. Nach der Befruchtung entstehen Früchte und auch Samen. Die Samen sind für die weitere Vermehrung von Pflanzen entscheidend. Die Bienen leben in Völkern, sind bestens organisiert und holen sich die „Tracht", d. h. den Nektar von den Blüten und bauen diesen zum beliebten Honig um. In den Bienenstöcken leben die Arbeiterinnen mit der Königin, die im Bienenvolk für die Vermehrung zuständig ist. Die Bienen fliegen bis zu 5 km ins Gelände zu den Blüten und orientieren sich wieder zurück in die Bienenhütte zu ihrem Volk. In einem Bienenvolk befindet sich ganzjährig immer nur eine Königin und im Sommer 40.000 bis 80.000 Arbeitsbienen. Diese machen pro Jahr ca. 40 kg Honig. Der „Imker" (Bienenvater) betreut die Völker, pflegt bei Krankheiten die Bienen und erntet aus den Waben den Honig. Er schleudert ihn aus, und wir können ein leckeres Honigbrot essen.

Das Bienenwachs ist ebenfalls ein nützliches Produkt, das uns die Bienen liefern. Sie bauen daraus mithilfe ihrer Beißwerkzeuge ihre Waben, in denen der Honig lagert. Uns bleibt bei der Honiggewinnung dieses wohlriechende Material, aus dem sich gute Kerzen machen lassen. Die Waben selbst sind mit einem harzartigen Film überzogen, dem sogenannten Propolis. Dieser tötet Bakterien und Pilze ab und schützt somit den Bienenstock vor Krankheiten. Auch wir Menschen können dieses tolle Mittel zur Desinfektion verwenden.

Hummeln produzieren keinen Honig, sind aber trotzdem wichtige Insekten, sie bestäuben unter anderem viele Obstsorten. Auch Hummeln leben im Staat zusammen, dieser ist jedoch wesentlich kleiner als ein Bienenstaat, er zählt nämlich nur bis zu 500 Einwohner. Leider ist die Zahl an Bienen- und Hummelstaaten stark rückläufig – ein heikles Problem, denn wir brauchen diese Tiere unbedingt. Außerdem sind sich selbst Experten nicht zu 100 % sicher, was dieses Bienen- und Hummelsterben verursacht und wie es zu stoppen ist.

45

Weltweit ist die Kartoffel, bei uns Erdäpfel genannt, die viertwichtigste Kulturart am Acker. Nur Weizen, Mais und Reis weisen eine größere Anbaufläche auf. Die Wiesen, Weiden und Almen machen übrigens 55 % der landwirtschaftlichen Fläche in Österreich und auch weltweit aus.

Die Kartoffel stammt aus Südame-

Erdäpfel – Symbol für Wachstum und Essen

rika und wurde erst im 18. und 19. Jahrhundert in Österreich kultiviert. Seit der Einführung der Kartoffel in Österreich und Europa konnten Hungersnöte verhindert werden. Die Kartoffel wurde vor 50 Jahren in Österreich noch auf über 100.000 ha angebaut, heute beträgt die Anbaufläche nur mehr 20.000 ha. Neben der Speisekartoffel (z.B. als Pommes, Chips, Kartoffelteig, Erdäpfelsalat etc.), ist auch die Industriekartoffel (Stärke) in Verwendung. Diese kommt heute in vielen Gebrauchsgegenständen wie Kugelschreiber, Säckchen, Besteck etc., vor.

Es ist ein Erlebnis, die Kartoffel Anfang Mai in die Erde zu legen, wachsen und blühen zu sehen und gegen Mitte August und September aus der Erde zu nehmen.

Die Saatkartoffeln treiben im Frühjahr aus der Knolle „Keime". Diese gekeimten Knollen werden alle 30 cm in der Reihe abgelegt und danach mit einem Erddamm zugedeckt. Die Keime treiben weiter, und es kommen die Blätter und Stängel durch den Damm. Anfang Juli blühen sie und Ende Juli bis Mitte August beginnt das Kartoffelkraut (Blätter und Stängel) braun zu werden. In der Zwischenzeit haben sich aus den Stolonen

(Wurzelausläufer) pro Saatkartoffel zwischen 5 und 10 Kartoffeln gebildet – größere und kleinere. Nachdem das braune Kraut aus dem Garten gebracht wird, reifen die Kartoffeln im Boden weiter und bekommen eine feste Schale. Die Erdäpfelernte kann händisch oder auf großen Feldern mit Rodergeräten geschehen. Bevor sie im dunklen Keller für die Winterzeit eingelagert werden, sollen sie trocknen und die faulen Knollen aussortiert werden.

Wetter und Natur

Wir freuen uns, wenn die Sonne scheint. Sie wärmt unseren Körper, sie liefert die Energie für unsere Pflanzen und Tiere, sie macht unsere Erde lebenswert. Diese Energie, die sie uns täglich auf die Erde schickt, wird zu rund 2 % von Erde, Pflanzen und Menschen (Solar, Photovoltaik etc.) gespeichert. Die restlichen 98 % gehen in die Atmosphäre. Nun hat sich durch unsere Umweltverschmut-

zung in der Atmosphäre ein größerer CO_2-Mantel gebildet, der diese reflektierende Energie nicht komplett ins Weltall entlässt. Dadurch erwärmt sich unser Planet Erde immer mehr und das Klima verändert sich. Es wird wärmer, ist oft lange Zeit heiß und trocken, dann gibt es plötzlich wieder kalte, frostige Tage, vielleicht mit Hagelschlag oder Starkniederschlägen und all den Begleiterscheinungen.

Mit diesen extremen Wettersituationen muss der Bauer leben lernen – so hat er oft Sorge um die Ernte, um seine Gebäude und um sein Vieh. Der Bauer hat das ganze Jahr über seinen Arbeitsplatz unter freiem Himmel, und das Gedeihen seiner Kulturen am Feld und auf der Wiese ist immer vom Wetter abhängig. Regen ist Segen und wohl gleich wichtig wie die Sonnenstrahlen.

Ein Gewitter zieht am Himmel auf, die Heuernte ist noch nicht abgeschlossen und es liegt noch schönes, duftendes und schmackhaftes Heu auf der Wiese. Die Bauersleut werden nervös, sie alle hoffen, dass sie noch rechtzeitig das Dürrfutter oder die Silage ins „Trockene" bringen. Wird das Futter durch den Regen nass, verliert es an Qualität.

Es wäre interessant, wenn die wichtigsten meteorologischen Daten von der nächstgelegenen Wetterstation den Gästen bekanntgegeben werden könnten. Außerdem wären ein Regenmesser sowie ein Barometer für den Hof nützlich. Wenn noch Leute am Hof sind, die Wettervorhersagen aufgrund anderer „Anzeichen" am Wind und Wolkenzug sowie bei Pflanzen oder Tieren treffen können, sollten diese eine „Wetterstunde" abhalten. Einfach vom Heuboden aus ein Gewitter verfolgen, erleben wie der Donner dem Blitz folgt – nach dem Blitz zählt man im Sekundentakt und erhält so die Kilometerentfernung zum Zentrum des Gewitters – und die Regentropfen auf das Dach klopfen.

Vom Samenkorn zur Pflanze

Die meisten Pflanzen vermehren sich über die Samen, die sie jährlich nach Blüte, Bestäubung und Befruchtung bilden. Fallen die Samen von den Pflanzen, so sind sie bereit, eine neue Pflanze aus dem Samenkorn sprießen zu lassen.

Die Körner dienen nicht alle zur Vermehrung ihrer Art, sondern sind eine wichtige Nahrungsquelle für Mensch und Tier. So stammen das Weizenmehl und das Roggenmehl aus den Samen und ergeben nach dem Backvorgang unser gutes Brot. Beim Kürbis werden die Kerne gepresst und daraus das wertvolle Kürbiskernöl gemacht, ebenso bei Raps und Sonnenblume, etc. Für die Lagerung des Korns oder der Kerne werden diese vorher getrocknet, damit Schimmelpilze und Bakterien das Korn nicht verderben.

Was braucht es, damit aus einem Korn eine Pflanze wird?

Man nimmt die Körner und gibt sie in den Boden. Grünlandsamen sollten nicht tiefer als 0,5 cm in den Boden gelangen, Getreidesamen hingegen 2 bis 3 cm. Im Boden nehmen die Samen etwas Wasser auf und fangen an aufzuquellen. Das Korn beginnt die Energie (Stärke) für die Entwicklung eines Keimlings freizusetzen. Nach drei bis fünf Tagen der Keimung kommen die Keimblätter aus der Samenschale. Bei Arten, die „einkeimblättrig" sind, stößt ein Blättchen (Getreide, Gräser, etc.) und bei „zweikeimblättrigen" eben zwei Blättchen (Sonnenblume, Kürbis, Kräuter, Kleearten, Wein- und Obstarten, etc.) durch die Samenschale. Gleichzeitig wird auch die Keimwurzel gebildet, die schon bald Wasser und Nährstoffe aufnehmen kann, obwohl in der ersten Phase die Keimlinge vom Samen leben. Die Keimung braucht also Wasser zur Quellung der Samen und eine Temperatur von 10° bis 25° C. Liegen die Temperaturen um die 20° C und ist es zudem feucht, so sprießen die jungen Pflanzen – sie haben grüne Blättchen und eine zarte Wurzel – aus dem Boden. In dieser Phase sind die Jungpflanzen gegen Kälte, Trockenheit, Vertritt und Vernässung empfindlich. Bei guten Bedingungen wachsen weitere Blätter und der Stängel oberirdisch zu, und auch die Wurzel wird kräftiger, verzweigt sich und geht tiefer ins Erdreich.

Zur Überprüfung der Keimung von Samen, können Teller mit Küchenpapier ausgelegt und mit Wasser befeuchtet werden. Dann legt man die Samen darauf und stellt den Teller an eine warme Stelle (ca. 20° C).

Oder aber man gibt Erde in Kartonbehälter, vergräbt die Samen seicht und drückt sie leicht an. Danach befeuchtet man die Erde. Es muss jeden Tag Wasser gegeben werden, damit die Samen quellen können und später der Keimling nicht austrocknet. In einem Protokoll sollte die Anlage der Keimung mit Daten und Uhrzeit vermerkt und die Wassergaben genau niedergeschrieben werden. Spannend wird es nach 4 bis 5 Tagen, wenn die ersten Samen das Keimblättchen zeigen – auch das gehört notiert. Danach sollte jeden Tag die Blattlänge gemessen werden. Bei solchen Keimversuchen im „Küchenlabor" können verschiedene Samen von unterschiedlichen Arten (Weizen, Mais, Erbsen, Sonnenblume, Raygras, Luzerne, Rotklee etc.) zur Keimung gebracht werden.

Pilze, Beeren, Kräuter

Bevor der Mensch sesshaft wurde, lebte er als Jäger und Sammler. Da das Jagen sehr zeit- und kraftintensiv war und darüber hinaus oft wenig Nahrung brachte, war das Sammeln bei weitem wichtiger. So machte gesammelte Nahrung ca. 80 % des Speiseplanes unserer Vorfahren aus. Gesammelt wurden Pilze, Kräuter, Beeren, Wurzeln, aber auch Honig und Vogeleier. Diese Menschen hatten ein enormes Wissen über ihre Umwelt, sie kannten jede Pflanze und jeden Pilz. Dieses Wissen ist leider größtenteils über Jahrtausende des technologischen Fortschrittes verloren gegangen.

Heute geht man vielleicht einmal im Jahr zum Pilzesammeln, wohl kaum weil es für unser Überleben wichtig ist, sondern um sich in der frischen Luft zu bewegen und um unsere Speisen mit leckeren Schwammerln zu verfeinern.

Das Schwammerlsuchen ist eine sehr schöne Halbtagsbeschäftigung für die ganze Familie, doch sollte man unbedingt einige Regeln beachten, die sich aber eigentlich von selbst verstehen. Wir sind im Wald nur Gäste und müssen daher unsere Umwelt respektieren, dazu gehört: Keine Pflanzen werden zerstört; ruhig sein, denn das Wild braucht seine Ruhe; und vor allem keinen Müll hinterlassen. Die begehrtesten Pilze sind natürlich Steinpilze und Eierschwammerl (Pfifferlinge), aber auch Parasole und Täublinge. Die Merkmale dieser Pilze können bestimmt vom Bauern erklärt werden. Im Wald liegt es dann an den Sammlern, ihre Sinne zu schärfen und ihre Ausdauer und Geschicklichkeit unter Beweis zu stellen. Gerade beim Schwammerlsuchen hat man das seltene Gefühl, eins mit der Natur zu sein und kann sich vorstellen, wie hart es für unsere Vorfahren war, sich zu versorgen. Nachdem im Wald die Pilze von grobem Schmutz befreit sind, geht es nach Hause, wo sie geputzt oder zum Trocknen aufgelegt werden. Nun können sich alle auf ein leckeres Essen freuen, vielleicht auf eine Steinpilzsuppe mit Erdäpfeln oder auf eine Eierschwammerlsauce mit Serviettenknödeln?

Wertvolles aus dem Bauerngarten

Die Bauern waren noch vor 50 Jahren großteils Selbstversorger, d. h. sie produzierten all das, was die Familie im Jahreskreis brauchte. Getreide für das Brot, die Tiere für das Fleisch und die Milch, wie auch Milchprodukte, das Obst und den Weingarten für den Obstbedarf und den Haustrunk, die Bienen für den Honig, und im großen Bauerngarten wurden in der Vegetationszeit Gemüse und Beeren kultiviert. War es zwischendurch schon modern, das Gemüse aus Italien, die Erdbeeren aus Israel und exotische Früchte aus aller Welt auf den heimischen Tischen anzubieten, so besinnen sich vor allem die Bäuerinnen wieder darauf, ihren Garten vom Frühjahr bis zum Herbst mit schmack- haften Kräutern, Blattsalaten, Wurzelgemüse, Gurken, Tomaten, Zucchini, Kraut, Kohlrabi, Karfiol, Zwiebeln, Porree, Erbsen, Bohnen und Beeren jeder Art zu bestellen.

Dabei werden die Gartenbeete so bepflanzt, dass die Pflanzenarten sich gegenseitig vor Schädlingen und Krankheiten schützen. Der Boden im Bauerngarten hat eine besonders hohe Fruchtbarkeit und die Pflanzen gedeihen prächtig. So können die Bäuerinnen vom Frühjahr bis zum Herbst frisches Gemüse, frische Kräuter und Beeren im Menüplan anbieten. Das ganze Jahr über können die Familie und die Gäste am Bauernhof die köstlichen selbstgemachten Marmeladen am Frühstückstisch genießen. Auf den Mittagstisch gesellen sich im Winter nicht selten haltbar gemachte oder eingefrorene Gemüse- und Obstsorten. Dazu wird meistens das gut duftende, wohlschmeckende Bauernbrot gereicht. Die schönen Blumen und Sträucher rund um den Garten sowie ums Haus und bei der Eingangstür, wie auch der blumige Fensterschmuck sind die Visitenkarte der Bäuerin und letztendlich des Bauernhofes.

Eine Führung mit der Bäuerin durch ihren Garten samt Erklärungen zu den einzelnen Gemüsearten, Beerenfrüchten und Kräutern ist für Groß und Klein ein spannendes Erlebnis. Am Ende der Begehung sollten von Jung und Alt möglichst viele Kulturarten im Bauerngarten auf einer Liste eingetragen werden.
Ein abschließendes Salatbuffet und Beeren als Nachtisch wären schon ein unvergessliches Angebot für die Gäste.

Wer schon mal selber beim Backen von Bauernbrot dabei war und das noch warme Brot aus dem Backofen genießen durfte, für den ist Brot etwas Besonderes. Früher wurde einmal wöchentlich am Bauernhof Brot gebacken. Je nach Größe der Familie oder Anzahl der noch zu versorgenden Gäste, wurden auch mehrere Laibe Brot auf einmal zubereitet. Die meisten Bäuerinnen machen das heute wieder oder noch immer. Für das „Schwarzbrot" werden etwa 60 % Roggenmehl und 40 % Weizenmehl verwendet. Dazu kommt lauwarmes Wasser, Sauerteig oder Germ, Salz und Brotgewürz, wie Fenchel, Anis, Kümmel, Koriander und diverse Körner von Kürbissen, Walnüssen, Sonnenblu-

men, Sesam oder Getreidekörnern, je nach Wahl. Dieser Teig wird kräftig geknetet, danach muss man ihn mindestens 1 Stunde „gehen lassen". In dieser Zeit findet die Hefegärung statt, bei der unter anderem Kohlendioxid entsteht, welches den Teig durch die Klebequalität aufgehen lässt. In fertig gebackenem Brot – die eingeschossenen Laibe werden bei 180–200 °C, ca. 60–90 Minuten gebacken – finden sich dann die Poren (Lufteinschlüsse).

Man freut sich auf das frische Brot, es riecht so herrlich und die Brotrinde ist so knusprig. Man kann es kaum erwarten, bis es etwas ausgekühlt ist, denn ein gutes Bauernbrot mit etwas Butter und Salz zu essen, ist eine tolle Sache.

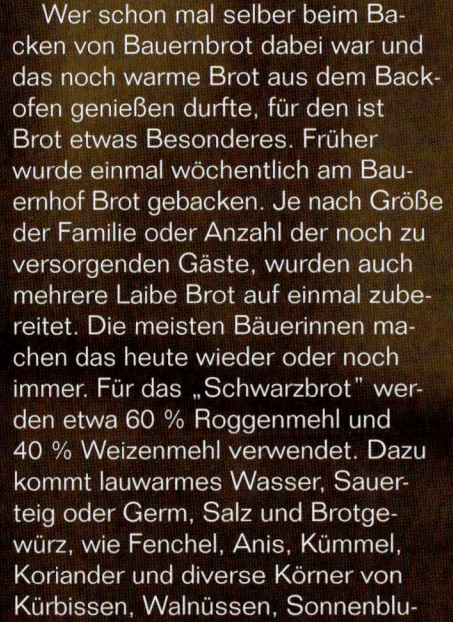

Wenn das Wetter für Wanderungen und andere Aktivitäten im Freien nicht gut geeignet ist, könnte ein „Schaubacken" von Bauernbrot unter Mithilfe der Gäste, vor allem der Kinder, stattfinden und dieses symbolhafte tägliche Brot gemeinsam zubereitet werden. Wenn dann der Brotlaib vom Bauern oder der Bäuerin mit einem Kreuzzeichen am Tisch angeschnitten wird und alle zugreifen können, versteht jeder, was das tägliche Brot wert ist.

Unser tägliches Brot

Brauchtum und Tradition

Wenn man an einen österreichischen Bauern denkt, fallen einem wohl als erstes die Lederhose und das Jodeln ein. Heutzutage wird die Tracht zwar nicht mehr als Arbeitskleidung getragen und auch das Jodeln findet nur zu speziellen Anlässen statt, doch diese und viele andere Klischees, kommen nicht von ungefähr. Das Leben eines Bauern ist eng mit den Traditionen und Bräuchen seiner Region verbunden, tatsächlich war der Bauernstand der Träger der Kultur. Dadurch wurde bis heute die ländliche Gesellschaft enorm beeinflusst. Es ließe sich natürlich nie eine Liste zusammenstellen, die alle Bräuche Österreichs beinhaltet, da es zum einen hunderte davon gibt und sich diese auch noch von Region zu Region unterscheiden.

Versuchen wir trotzdem ein Jahr zu durchlaufen und die markantesten Feste, die unsere Kultur zu bieten hat, herauszupicken.

Erntedank

Im Herbst feiert man nach der Haupterntezeit das Erntedankfest. Neben Weihnachten und Ostern hat diese Feier spirituell eine sehr große Bedeutung. Sinn ist es in erster Linie, Gott und der Natur für gutes Wetter und für eine gute Ernte zu danken. Man bedankt sich aber auch für andere erfreuliche Geschehnisse und gelungene Leistungen des Jahres, wie z.B. die Geburt eines Kindes, eine Hochzeit oder eine bestandene Prüfung. In den meisten Gemeinden gibt es neben dem Gottesdienst zu Erntedank auch ein großes Fest, das sich großen Andrangs erfreut.

Eine Erntekrone mit all den Früchten der Region wird von der Jugend in die Kirche gebracht.

Brauchtum und Tradition

Fasching

Eines der fröhlichsten Feste des Jahres findet bereits im Februar statt, nämlich der Fasching. In der Faschingszeit verkleiden sich die Leute als lustige Figuren. Die Kostüme und Maskeraden werden dabei oft selbst angefertigt. Diese sind so originell, dass selbst die Verwandten Schwierigkeiten dabei haben, den anderen zu erkennen. Vor allem Kinder haben ihren Spaß daran sich zu verkleiden, für die Älteren stehen dutzende Faschingsbars in den Ortschaften, in denen immer Hochstimmung herrscht, bereit. Außerdem finden Umzüge und Maskenbälle statt, wo sich alle Faschingsnarren und -närrinnen zeigen.

Ostern

Das Wort Ostern kommt vom Namen der altrömischen Lichtgöttin Ostera, doch das Fest selbst ist noch älter. Die Germanen und Kelten feierten schon immer das Lichtfest, mit dem der Winter vertrieben wurde. Dieses wurde von den Christen übernommen. Da der genaue Tag der Kreuzigung Christi nicht bekannt ist, beschloss man, ihn am Tag des Lichtfestes zu feiern.

Das Osterfest beginnt am Palmsonntag. An diesem Tag begrüßt man mit Sträußen aus Palmkätzchen die Ankunft Christi in Jerusalem. Am Gründonnerstag (= greinen = weinen) beklagen wir die Auslieferung Jesu. Am Karfreitag ist absolutes Fleischverbot, denn Jesus wurde an diesem Tag gekreuzigt. Karsamstag ist der Lieblingstag der Kinder, weil hier das Osterfeuer, ein großer Haufen von Ästen, angezündet wird. Das Holz für's Osterfeuer wird von den Kindern über eine Woche zusammengetragen und bewacht, denn die Kinder aus der Nachbarsiedlung versuchen das Feuer frühzeitig anzuzünden. Am Ostersonntag suchen die Kinder nach dem Gottesdienst die Osternester. Das Osterfleisch und das gemeinsame Mahl in der Familie am Karsamstag sind wichtige Bestandteile des Osterfestes.

Bierzelte und Kirtage/ Kirchtage

Kirtage oder Kirchtage sind Festtage zu Ehren von Heiligen in den Kirchen, an denen früher Händler ihre Stände am Kirchenplatz aufbauten. Nach der Messe kauften die Leute ihre Kleidung, ihr Werkzeug und ihre Nahrung an diesen Ständen. Die Geschäfte lösten allmählich die Stände ab und der Kirtag wurde unnötig. Heute gibt es pro Gemeinde nur noch einen Kirtag im Jahr, zum Verkauf stehen hauptsächlich eher minderwertige Kleidung und Spielzeug, aber auch leckere Mehlspeisen wie Schaumrollen und andere tolle Sachen. Für Kinder und Jugendliche gibt es auch immer wieder Fahrgeschäfte wie in einem Vergnügungspark. Oft geht mit dem Kirtag das Bierzelt einher. Ein großes Festzelt mit vielen Tischen und Bänken, in dem Musik gespielt wird. Ursprünglich gab es nur in „Fetten Jahren", in denen die Ernte reichlich war, ein Bierzelt, doch heute findet es regelmäßig statt.

Leider hat sich das Bierzelt in den meisten Gemeinden zu einer reinen Geldmacherei entwickelt; es wird Eintritt verlangt, ein Plastikzelt wird aufgestellt und Bier gibt es in Plastikbechern. Selbstverständlich bieten auch diese Zelte große Freude, doch die „echten" Bierzelte finden meist in kleinen Dörfern statt.

Ein besonders bekanntes, großes und uriges Bierzelt gibt es z.B. in Altaussee.

Nikolaus und Krampus

Jeder Sommer hat sein Ende, und auch das grünste Blatt wird gelb. Wenn der Schnee fällt, weiß jedes Kind, dass es nicht mehr lange dauert bis die Krampusse kommen. Die Krampusse sind grimmige Wesen mit Hörnern und gruseligen Fratzen, sie tragen Schaf- und Ziegenfelle, Schellen und Glocken

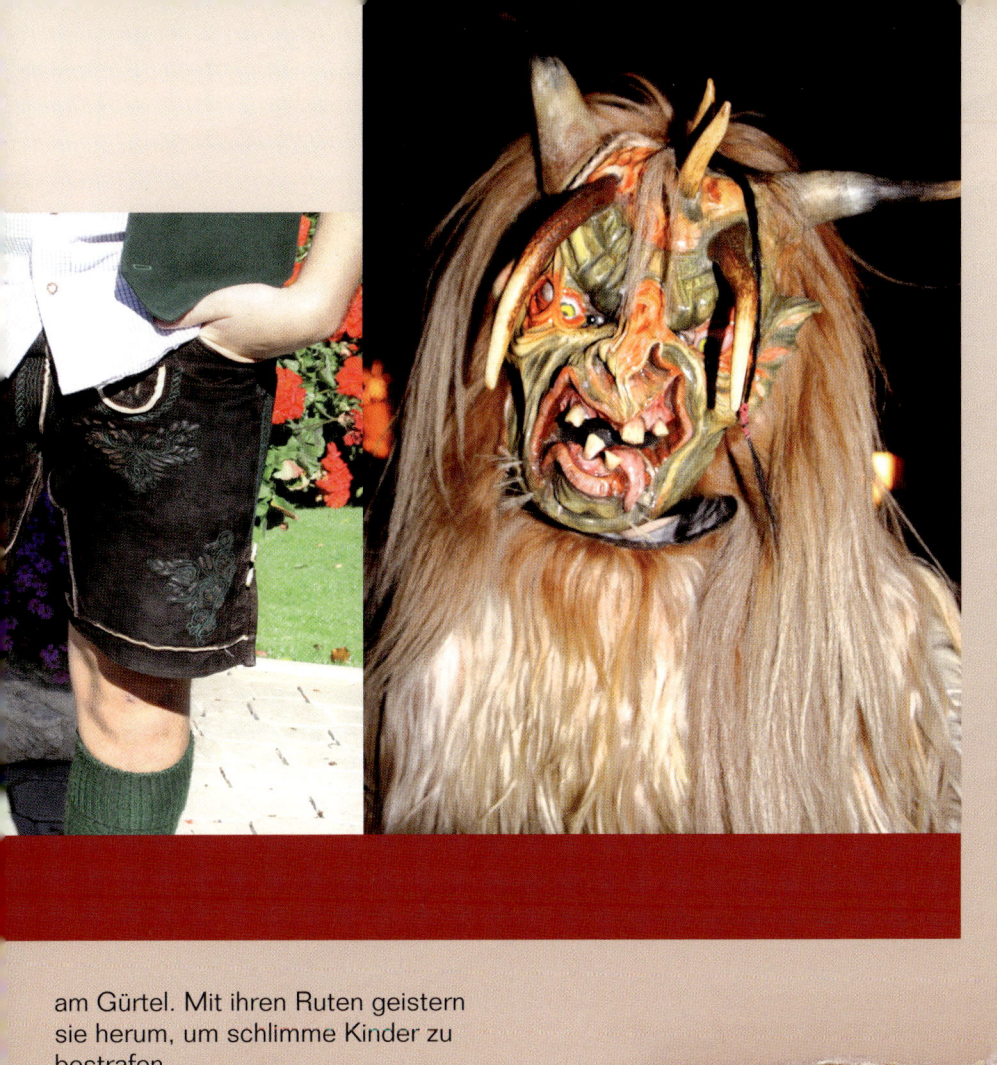

Weihnachten

Dieses Vertreiben der bösen Geister ist auch zu Weihnachten zu finden. Ein wesentlicher Teil des Festes ist nämlich das Rauchen. Eine Mischung aus Weihrauch, Speik und Fichtennadeln wird in ein Gefäß mit Glut gegeben, damit geht man durchs ganze Haus und durch den Stall und spricht Gebete, während ein zweiter Weihwasser in den Räumen verteilt. Den wesentlichen Mittelpunkt für den Heiligen Abend stellt der schön geschmückte Christbaum aus dem eigenen Wald dar.

Nach einer pompösen Silvesternacht, in der unzählige Feuerwerke die Nacht erhellen, beginnt ein neues, hoffentlich glückliches Jahr am Land. Zumindest ist es sicher, dass es auch immer Feste geben wird, die bei Jung und Alt jeden erfreuen, solange es Leute voller Begeisterung in den Augen und Herzen gibt.

am Gürtel. Mit ihren Ruten geistern sie herum, um schlimme Kinder zu bestrafen.
Gebändigt werden sie vom heiligen Nikolaus, der mit ihnen am 5. Dezember von Haus zu Haus zieht. Der Nikolaus belohnt die braven Kinder mit Nüssen, süßen Früchten und Süßigkeiten. Dieser Brauch ist wieder ein gutes Beispiel für die Vermischung von Christentum und den germanischen Kulturen. Die Germanen wollten, um den Winter unbeschadet zu überstehen, die bösen Geister austreiben. Dazu dienten tosende Glocken und dämonische Masken aus Holz.

Nachdem das letzte Blatt vom Baum fällt, und bevor sich der Frühling zeigt, liegt eine Zeit, in der die Erde unter uns zu schlafen scheint. Zugedeckt unter einer dicken weißen Decke ruht sie, es herrscht Stille, bei Tage glitzern die weiten Felder und bei Nacht klirren die erstarrten Seen und funkelnde Sterne besetzen die Krone des Winters. Nie thronen die Gipfel der Alpen anmutiger und nie singen die Winde hellere Lieder, ja im Winter findet sich ein Stück Magie. Jeder Atemzug, der die kalte Luft in unsere Körper bringt, ist pure Freiheit und Lebensfreude, und jede Tasse Tee am Ofen ist wie eine Umarmung. Der Winter bietet uns Vieles: Auf dem Eis können wir Schlittschuhlaufen und spazieren, auf den Hängen der Berge können wir toben, und es gibt keinen Ingenieur, der einen besseren Spielplatz gebaut hätte als einen Schneehaufen. Schneeballschlachten, Iglus und Schlittenfahrten machen Kindern großen Spaß und beschäftigen sie über Stunden. Früher, bevor die Häuser so gut gebaut und isoliert waren wie heute, war der Winter eher eine Zeit des Verharrens. Man lebte von den Vorräten, die man über das Jahr angelegt hatte, und man hoffte, dass alles gut gehen würde.

Nicht überall in Österreich gibt es im Winter reichlich Schnee. So wird der Süden und Osten Österreichs zwar im Jänner und Februar oft von der pannonischen Kälte bei −20 °C erfasst, aber der Schnee lässt oftmals auf sich warten. Die Klimaerwärmung bringt es auch mit sich, dass die Temperaturen im Winter äußerst mild sind und der Schnee in den Talschaften frühzeitig schmilzt.

Der Winter

Schneekristalle genauer betrachten, Schnee auf der Ofenplatte schmelzen lassen, Eisstockschießen mit kleinen Stöcken auf Ziele und Marken, wie baue ich ein Iglu oder ein Schneehaus?

Schlussbemerkungen

Natürlich kann man viel mehr erleben als hier im Buch angeschnitten wurde. Der Alltag am Hof ist für sich schon ein Ereignis und bringt viele Erlebnisse mit sich. Vielleicht hat das Buch Anstöße geliefert und motiviert zu besonderen Schritten in die Natur und in die Arbeitswelt der Bauern. Ziel der Autoren war es auf alle Fälle, bei möglichst vielen Kindern, aber auch Erwachsenen, Interesse und Liebe zur Natur und Umwelt, aber auch zur bäuerlichen Arbeit mit der Natur zu erwecken.

Möge die Freude an der Natur bleiben und das Wissen um die Zusammenhänge wachsen. Das beste Basislager für die Erkundungen in der Natur und im ländlichen Raum ist wohl der „Urlaub am Bauernhof".

Nach einem tieferen Verständnis der Natur und Landwirtschaft, sollte es nicht schwierig sein, die Arbeiten und die Lebensmittel aus Bauernhand wertzuschätzen.

Wer seinen Hof, seine Familie und seine Umgebung als zweite Heimat gefunden hat, der hat es geschafft, die Natur und die Landwirtschaft zu entdecken.

> *Man muss das Kleine sehen,*
> *um das Große zu verstehen!*

Begriffserklärungen und Dialektwörter

Aggregatstabilität:	Zusammenhalt der Kolloide (kleinste Bodenteilchen) in einem Bodenkrümel
Äsung:	Weideflächen für die Wildtiere (Rehe, Hirsche, Gämsen, etc.)
Auftreiben/Abtreiben:	Die Tiere werden vom Heimbetrieb im Mai/Juni auf die Alm getrieben und gegen September wieder ins Tal abgetrieben
Bauern:	Personen, die mit viel Gefühl, Liebe, Leidenschaft und Demut, Boden, Pflanzen, Tiere und Kulturlandschaft bewirtschaften und qualitative Lebensmittel bereitstellen
Bauersleut:	Bäuerin und Bauer
Biomasse:	Organische Masse aus Pflanzen und Tieren, in der Nährstoffe und Energie stecken
Bodenhorizonte:	Einteilung des senkrechten Bodenanschnitts von der Krume bis zum Ausgangsmaterial
Brechlstubn:	Eigenes Häuschen, wo die „vorgereifte" Faser aus Hanf und Flachs gebrochen und ausgekämmt wurde
Flüssigmistlagerstätte:	Hier werden die Ausscheidungen der Tiere, Jauche (Harn + Wasser) oder Gülle (Kot + Harn + Wasser), zwischengelagert
Fruchtfolge:	Die Jahresfolge in den Kulturen auf derselben Ackerfläche
Fuhrwerk:	Gespann mit Leiterwagen gezogen von Kühen, Ochsen oder Pferden
Garben:	Getreideähren nach der Mahd in ca. 20 cm dicken Büschel gebunden
Gesinde:	Personen, die früher am Hof als „Landarbeiter" lebten
Griaß di Gott:	Begrüßung oder Verabschiedung – Segne Dich Gott
Griaß enk Gott:	Es werden mehrere begrüßt
Grummet:	Futter vom 2./3. Aufwuchs im Jahr als getrocknetes Heu oder als Grassilage
Grünland:	Permanent über Jahre mit Gräsern, Kräutern und Kleearten bewachsen. Man unterscheidet zwischen Dauerwiesen, Dauerweiden und Almweiden. Öko-Grünland ist extensiv genutztes Grünland, während Wirtschaftsgrünland für die Futternutzung am Hof eine große Bedeutung hat
Heu:	Futter vom 1. Aufwuchs im Jahr, zubereitet zu Trockenfutter oder Grassilage
Heuhupfen:	Herumspringen im Heu
Homogenität:	Einheitlichkeit – zum Gegensatz Heterogenität (Unterschiedlichkeit)
Junibummerl:	Gartenlaubkäfer, schlüpft im Juni als Käfer und fliegt bei warmer Witterung – auch Junipumperl genannt. Braucht im Gegensatz zum Maikäfer (4 Jahre vom Ei bis zum Käfer) nur ein Jahr zum Schlüfen. Legt Eier in warme südhängige Böden
Kraftfutter:	Konzentrierte Energie aus Getreide, Mais, Raps oder proteinreiches Futter aus Sojaschrot in gemischter Form für die Tiere
Kulturen:	Getreide, Obst, Wein, etc., aber auch Wiesen und Weiden werden bearbeitet und gepflegt: – „kultiviert" – und stellen so jeweils eine Kultur am Feld dar
Laktationszeit:	Zeit der Milchgewinnung für den menschlichen Genuss, die Milchkühe werden genau 305 Tage pro Jahr gemolken
Lååndnerbauer:	Bauern auf der Ebene im Tal – so von den Bergbauern bezeichnet
Lieschen:	Die Körner sind mit kleinen Hüllen umgeben, die man beim Putzen wegbläst
Maische:	Zuckerhältige Früchte (Äpfel, Trauben, Zwetschken, Pfirsiche, Marillen, Schwarzbeeren, etc.) werden in Behältern zerstampft, gelagert, damit sich der Zucker in Alkohol umwandelt. Aus der Maische entsteht Rotwein oder diverse Schnäpse werden daraus destilliert
Mandeln:	Sechs Garben zusammengestellt und eine halbabgeknickte Garbe als Hut, zur Nachtrocknung auf dem abgeernteten Stoppelfeld
Mikroorganismen:	Kleinstlebewesen, die man mit freiem Auge nicht sehen kann, sie kommen überall in unseren Lebensräumen und Organismen vor
Pfiat di:	Tschüss, Auf Wiedersehn
Pfiat enk:	Behüt Euch (Gott), Verabschiedung für mehrere Personen oder für eine Person
pH-Wert:	Skala von 0–14, 0–6,5 sauer, 6,5–7,2 neutral, 7,2–14 alkalisch (basisch)
Photosynthese:	Umwandlungsprozess der Sonnenenergie in pflanzliche Energie im Blattgrün der Pflanze
Raufutter:	Futter vom Grünland, wo viel Struktur (Faser) vorliegt, die von den Wiederkäuern für die Verdauung benötigt wird
Raungerln:	Mit Butterschmalz herausgebackene Mehlspeise in kleinen Stücken, die vor allem auf der Alm Tradition hat
Schneckenschreck:	Mehl vom Traubentrester (E-Mail: pso@vulkanet.at)
Schwad:	Wenn das Wiesenfutter angewelkt oder trocken vorliegt, so wird es in Reihenform zusammengerecht – geschwadet
Sorten/Rassen:	Spezielle Züchtungen oder natürliche Ausformungen einer Art bei Pflanzen und Tieren, z. B. Äpfel (Art), die Sorte Gravensteiner, Rinder (Art), die Rasse Fleckvieh
Stöhr:	Wanderung der Handwerker von Haus zu Haus
Stroh:	Besteht aus den ausgedroschenen Getreidehalmen, die am Feld getrocknet und meist als Einstreu im Stall als „Bett" für die Tiere dienen
Symbiose:	Zuerst geben, den anderen unterstützen und dann zurückbekommen – einfach Zusammenleben
Tenne:	Hier wurden auf einem Holzboden in der Scheune die heimgebrachten Garben gelagert und getrocknet
Trempel:	Viehstall auf der Alm
Trester:	Zerkleinerte und ausgepresste Früchte von Äpfel und Trauben
Troadkosten:	Lagerungshäuschen für Getreide, mäusesichere Vorratskammer bis in die Berglagen
Vegetation:	Wachstum
Vitalität:	Gesundes und kraftvolles Wachstum oder Verhalten
Weiler:	Einzelne Höfe oder Hofgruppen abseits von Dörfern und Orten
Winde – Putzmühle:	Mit Menschenkraft betriebene kleine Maschine, die „Wind" erzeugt hat, wodurch das Korn von der Spreu (Lieschen/Strohteile) getrennt wird
Woazaner Krapfen:	Eine Mehlspeise aus Weizenmehl in Krapfenart, die entweder pikant mit Kraut oder auch süß mit Zucker oder Marmelade gegessen wird

**Weiterführende Bücher und Literatur
vom Leopold Stocker-Verlag, Graz – Stuttgart,
Tel.: ++43 (0)316/821636
www.stocker-verlag.com, stocker-verlag@stocker-verlag.com**